Marcelo Antonio Sobrevila

4

Cuentos de un Ingeniero

1a. Edición

2001

LIBRERIA Y EDITORIAL ALSINA

PARANA 137 - BUENOS AIRES - ARGENTINA

TEL.(54)(011)4373-2942 Y TELEFAX (54)(011)4371-9309

Sobrevila, Marcelo Antonio
   4 Cuentos de un ingeniero. - 1a ed. - Ciudad Autónoma de
Buenos Aires : Librería y Editorial Alsina, 2013.
   64 p. ; 20x14 cm.

   ISBN 978-950-553-243-8

   1. Narrativa Argentina.
   CDD A863

IMPRESO EN ARGENTINA

I.S.B.N. 978-950-553-243-8

INDICE

> *La ingeniería - como todas las*
> *profesiones - es una ventana a la vida.*
> *Delante de ella pasan hechos y personajes.*
> *Sólo hay que mirar.*

ADVERTENCIA

Todos los personajes de estos cuentos, lo mismo que las entidades en que se desenvuelven esos personajes, son producto de la imaginación del autor.

Cualquier parecido con personas, empresas, instituciones o hechos reales, actuales o pasados, es simple coincidencia.

Sin embargo, las situaciones generales del país en las épocas en se producen los relatos, son reales, y el autor las vivió intensamente.

La ilustración de tapa es una cortesía de Techint Compañía Técnica Internacional S.A.

SOBRE LA PROFESIÓN DE INGENIERO

Si hoy, en 2000 deseásemos informarle al lector que es la ingeniería, no podemos emplear las antiguas definiciones que nos inculcaron nuestros venerables maestros de la universidad. Basta observar -estadísticamente hablando- lo que hace la abrumadora mayoría de los ingenieros en el mundo desarrollado, para tener que revisar conceptos.

Las universidades prepararon ingenieros durante todo el siglo veinte, bajo la consigna que la ingeniería era "ciencia aplicada", una especie de producto subalterno de las ciencias fisicomatemáticas. Contribuyó a la confusión que muchos científicos -a falta de puestos de trabajo en lo suyo- invadieron la ingeniería, al tiempo que ingenieros confundidos por la universidad, se introdujeron en las ciencias creyendo que eran científicos.

Así las cosas, nos sorprendió la globalización y la cibercultura descolocados en una realidad que no perdona ese tipo de equivocación. Por tal razón el Centro Argentino de Ingenieros en su Comisión de Enseñanza -luego de examinar gran cantidad de definiciones internacionales- propuso experimentalmente una definición de ingeniería para las realidades actuales, y que transcribimos a continuación:

Ingeniería es la profesión que utiliza todos los recursos al alcance del hombre, conociendo y perfeccionando sus aptitudes y relaciones, con el fin de producir y gerenciar con arte y ciencia, sistemas socio-técnicos que provean bienes y servicios para satisfacer las necesidades de la humanidad, elevar constantemente la calidad de vida y contribuir a un desarrollo sustentable. Para ello, aplica conocimientos científicos y tecnológicos y metodologías matemáticas, experimentales e informáticas, partiendo de datos inciertos e incompletos, buscando calidad, seguridad y eficiencia sobre bases éticas y económicas.

Esta definición acerca de la ingeniería con el humanismo y con la gestión empresaria, remarcando que la ingeniería crea lo que **no existe en la naturaleza** haciéndolo funcionar correctamente, mientras que la ciencia fisicomatemática estudia lo que **ya existe en la naturaleza**, diferencia tan sustancial, que sería una torpeza confundir ciencia con ingeniería.

Marcelo Antonio Sobrevila
Ingeniero Mecánico y Electricista
Matrícula n° 414
Consejo Profesional de Ingeniería Mecánica y Eléctrica

Buenos Aires, Argentina, Enero de 2001

LOS MERCADERES DE LA INGENIERÍA

ACTO PRIMERO

Está amaneciendo en un día de primavera con tiempo pesado, húmedo y brumoso. Desagradable. Siempre en el Río de la Plata el otoño es preferible a la primavera, porque es mucho más estable y suave. Tiene más días parejos, de temperatura templada y cielo despejado. El ingeniero Daniel Ensenada mira hacia el jardín por el amplio ventanal de su dormitorio. No se ve casi nada, porque la niebla se arrastra lentamente sobre el césped de su lujosa residencia en las barrancas de San Isidro, con amplia vista al río, vivienda cuyo alquiler se carga a gastos generales de la empresa de ingenieros asesores de la que es socio gerente, a fin de aliviar un poco su situación impositiva personal. No se oye el habitual ruido tenue y característico del tránsito por la cercana Avenida del Libertador, ese sonido tan peculiar que producen los neumáticos de los automóviles rodando sobre el pavimento algo húmedo, porque la niebla lo mitiga todo. La niebla se traga los ruidos. Hay un silencio que invita a pensar, un silencio claro y oscuro al mismo tiempo, un silencio cómplice. La bruma tiene ese algo de misterioso que nos inquieta, porque se asemeja a seres invisibles que merodean alrededor como tratando de penetrar en nuestra intimidad, como intrusos en nuestros problemas. Parece como si ellos nos vieran a nosotros, pero nosotros a ellos no. La niebla nos hace sentir solos pero vigilados, mirados, y nos inspira un poco de temor. Ese silencio y esa quietud le permiten al ingeniero Ensenada disfrutar el momento calmo que vive, en que termina de levantarse.

Pocas horas después se verá sumido por el ritmo vertiginoso de la vida empresaria al llegar al centro de Buenos Aires, dentro de una hora, después de tomar el desayuno. La niebla le impidió jugar su partido matinal de tenis, con el colega de la empresa amiga en la cancha vecina a su residencia. Su pensamiento se localiza otra vez en la oficina de su empresa, imaginando al incansable teléfono que suena y suena interrumpiendo justo en el momento en que tratamos de concentrarnos en algo, o estamos atendiendo a una persona interesante. Ese fax que cada tanto despide suavemente un papel que por lo regular avisa de una simpleza ramplona, en vez de algo que se espera ansiosamente. Ese monitor de la computadora que le permite comunicarse a través del módem y la fibra óptica con el mundo del "E-mail" o la Internet, con su tonta "arroba" @, la mayor parte de las veces para simplezas que solo hacen gastar dinero en comunicaciones y alquiler del sistema en la empresa servidora. Eso de usar la última palabra de la tecnología, más por el que dirán que por necesidad, es una mala costumbre que linda en la frivolidad. Pero es muy argentino. Piensa que, verdaderamente, la Internet es solo una línea telefónica al exterior que, en vez de terminar en un simple teléfono, termina en otra computadora personal, una base de datos, una empresa que quiere vendernos algo, o alguna cosa por estilo Pero en el mundo empresario, cholulo y superficial, pronto se dará el pésame por fallecimiento de un familiar a través del "E-mail", y quien no usa por lo menos una vez por semana la Internet para comunicarse con Estados Unidos de Norteamérica a fin de consultar alguna bobada en la biblioteca del Capitolio de Washington, es visto como un ser antidiluviano.

La vida oficinesca se ha plagado de un retorcido idioma inculto, en que en vez de decir "está bien", se debe decir "okey", para quedar a tono con los mentecatos que nos rodean, incapaces de armar una frase completa en correcto castellano. Los ejecutivos displicentes, indiferentes, esos licenciados en carreras de tres años livianitas, que se hacen llamar "doctor", que cursaron en alguna universidad privada tres veces a la semana un par de horas vespertinas, y al final les entregan el diploma con toga y birrete. Esos licenciaditos en disciplinas de moda, que continuamente se la pasan diciendo "top", "formatear", "faxear", "lobby", "comoodities", "disquete", "multimedia", "CíDí", "PeCé", "broker", "management", "staff" y un sin fin de zonceras más que, si se los apura un poco, no saben bien que quieren decir. Para peor, están distorsionando el tiempo de los verbos al decir "estoy saliendo el mes próximo" en vez de decir estaré saliendo el mes próximo, usando los modos del presente continuo del inglés.

Daniel Ensenada imagina, por un momento, que cuando llegue a su oficina, en el piso 12º, desde donde los días claros ve el río y los aviones que entran y salen de Aeroparque, hoy solo verá un telón gris luminoso y otra vez el silencio afuera. Adentro, en su mundo de las oficinas, las discretas secretarias se moverán con papeles en la mano, esas que siempre sospechamos que conocen nuestras intimidades mucho más allá de nuestro deseo y, que seguramente las comentan risueñamente cuando salen al medio día, a comer algo todas juntas en el bar de abajo. ¡ Que será lo que no saben las secretarias !. Los amores clandestinos de los jefes, los romances de las compañeras, las peleas entre directivos, las nuevas pelucas que vende Pozzi. El tema del día seguramente será el pago del refrigerio con los bonos que da la empresa. El maldito ministro de economía terminó con esta forma de pago, que bien sabido es, se usaba para reducir las cargas sociales y no ingresar algún que otro impuestito. Una parte del sueldo de los empleados se acostumbraba pagarlo en vales, los conocidos "tikets", que vienen a ser algo parecido a los viejos tiempos de los conservadores en el norte del país, cuando los ingenios azucareros pagaban a los trabajadores con bonos en vez de dinero. Buen jaleo se había armado por ello en su tiempo, le había contado el padre al ingeniero Ensenada cuando era jovencito, porque esos bonos solo eran canjeables en los almacenes de la misma empresa, que todos rumoreaban regenteaba Patrón Costas, el terrateniente más popular en el noroeste argentino. Daniel Enseanda piensa que la vida es un cúmulo de situaciones contradictorias, y que cíclicamente, se repiten las mismas cosas.

En medio de las desavenencias con su actual mujer, pasando por los buenos momentos que el dinero le proporciona, siempre hay una cierta desdicha oculta. La vida no es tan dulce como él imaginaba antes de tener dinero. Ahora hay que vivir angustiado para conservarlo y aumentarlo es la consigna implícita diaria. Ese afán por el dinero que concluye con el consabido infarto de miocardio. En todo hombre que salió de la nada para tener luego una vida algo regalada, hay siempre una intranquilidad interior, una angustia inexplicable. Todas las mañanas, al levantarse y mirarse al espejo para afeitarse, siente un temor enorme, una especie de horror, con el solo pensar que hoy puede perder dinero y volver a ser como era al principio, un don nadie. Que aquello que costó acumular se puede evaporar sin que a nadie le importe, y nadie lo ayude. ¿ Y después ?. Esa angustia del poderoso por seguir incrementando fortuna, soñando con la meta dorada de llegar a ser tan rico como Bill Gates. El ingeniero Ensenada no está excepto de esa angustia y la niebla matinal que le impidió jugar su partido de tenis lo atrapa con sus garras, como si el monstruo de la pobreza estuviese agazapado en su intimidad para devorarlo al menor descuido. Cada día, cada instante, vive prisionero del terror de pensar que puede perderlo todo en un golpe de mala suerte, una decisión mal tomada, o lo que es peor, la confabulación de los ambiciosos competidores en la lucha por el dinero sin el más mínimo escrúpulo, como lo hace él.

Daniel Ensenada sabe que frente a la posibilidad de dejar a un competidor en la lona para ocupar su puesto en el mercado y ganar más dinero, él no lo pensó dos veces. Se acordó de la frase norteamericana *"business are business"*, y su conciencia quedó tranquila. Los negocios son negocios. Es la lucha por la supervivencia. ¿ Acaso, en la selva, el león piensa en el mal que le hará a la gacela, cuando la persigue para comerla y deja en el desamparo a las crías ?. La vida empresaria es esa nueva selva que en vez de árboles tiene fotocopiadoras, computadora, fax, Internet y el E-mail. Se puede vivir escondido detrás de los códigos y leyes que permiten todo con buenos abogados que nos patrocinen, aunque las leyes de la ética y la moral digan otras cosas tontas, molestas, que al ingeniero Ensenada no le incomodan, porque él se declara a veces ateo, o por momentos agnóstico, como ahora se debe decir con más elegancia, para disimular el vacío espiritual.

Pero hoy todo parece diferente, porque el día amaneció con la niebla. Los días claros, desde su ventanal del dormitorio puede ver los lujosos veleros que surcan el río de La Plata cerca del puerto de Olivos y en las marinas de la costa norte, con gente que tiene tiempo libre los días hábiles. ¡ Que inexplicable !. ¿ De que vivirán ?. El narcotráfico, el lavado de dinero, los arreglos con la policía provincial, el contrabando, se pregunta Daniel a sí mismo. Pero la niebla primaveral lo obliga a volver a su mundo interior, a sus vivencias personales, su trabajo en la firma Vigas y Losas SRL. Desde el dormitorio oye como la mucama hace ruido con la vajilla en la cocina y en el comedor de diario y lo saca de sus visiones interiores, recordándole que el desayuno debe estar listo. Luego saldrá e irá directamente -sin pasar por su oficina- a ver a ese maldito ingeniero Andrea Vaqueli, de la empresa Latekin SA, para tratar de cerrar por izquierda el negocio personal que tiene entre manos desde hace cuatro meses. Tal vez en la entrevista de hoy, ese maldito Vaqueli acepte su propuesta.

Su mujer, Perica, desperezándose, despeinada, sin maquillaje que disimule la vejez que se aproxima, aparece en la puerta con un lujoso deshabille nuevo. Daniel, con su falsa cordialidad burlona de siempre le dice.
- ¿Otro deshabillé, nena?
- Sí. ¿Que hay?
La réplica de Perica fue cortante y con tono triunfal de mujer segura, inculta y desfachatada.
- Te lo digo porque estás gastando mucho.
La acotación de Daniel es también cortante.
- Me aburro viviendo con vos y me entretengo saliendo sola a comprar boludeces.
Con la réplica, Perica mete el dedo en la llaga, lo que motiva la reacción de Daniel.
- No creo que te falte nada.
A Perica le complace penetrar más hondo.
- Mi anterior marido no se fijaba en gastos. No era un pobre ingeniero como vos, que regentas una empresa de asesores de mala muerte, que se ganan la vida coimeando a las empresas del estado para conseguir proyectos

y dirección de obras y ahora, con las privatizaciones, les han movido el piso porque a éstos no los engrupen con una coima barata y un viaje a Europa. Estos piden más.

Daniel, ahora más alterado, se la sigue:

- Tu anterior marido, ese ancianito que Dios tenga en su santa gloria, había heredado un emporio económico con esas barracas en el puerto, sin trabajar jamás. Nunca luchó para crear una compañía y concretar negocios. Ese venerable longevo con el cual te casaste para dejar de ser su secretaria privada, hasta que murió en aquel naufragio del transbordador en la bahía de Hong Kong, viajando contigo como asistente administrativa.

Daniel hace un largo silencio irónico, dejando entrever que sabe algo más sobre el naufragio. Perica, con desenfado se la sigue.

- Antes de ser tu mujer, acordate que fui también secretaria tuya, me dejaste embarazada, y tuviste que divorciarte de tu legítima, porque estabas loco por mí. ¡Pero che ingeniero, a mí no me grites!

Así cierra Perica su respuesta ácida. Pero no contenta prosigue.

- Vos no sabes de ingeniería, ni hacer los cálculos de una simple casita económica de comedor y dos dormitorios. Te parece que porque hablas algo de inglés y decís okey en vez de bueno, sos un ejecutivo de alto nivel. ¡ Vamos, chanta !, que cuando hablás en inglés, parecés Trazan de los monos. En el Centro Argentino de Ingenieros te tienen tomado el tiempo y se divierten en gran forma con tu forma de hablar inglés. Estuviste dos años en Norteamérica. Decime, pedazo de paparulo, que hiciste allí, ¿ papelones ? , o simplemente fuiste para ver si el Pato Donald existe.

Daniel, con rabia contenida, pierde su falsa calma y salta a otra variante de la misma pelea.

- Mirá, si tu anterior maridito hubiese sido tan bueno, pero tan bueno, me pregunto porque empezaste a salir conmigo en vida de él, a escondidas. Y con respecto a la fortuna que dejó, si insistís en administrarla vos sola, te vaticino que la vas a liquidar muy pronto y te vas a quedar en Pampa y la vía. Porque es justo reconocer, que de tu cosecha, no tenés ni un mango.

Perica, retoma el tono triunfalista y completa la idea.

- Cuando empezamos a salir juntos me hiciste creer que tu capital era igual al mío y ahora se descubre que yo soy rica y vos un pobre socio de una pobre sociedad de responsabilidad limitada, sin bienes físicos realizables y solo una misteriosa cuenta en Nueva York.

Daniel pretende retomar la iniciativa en la pelea.

- ¿Te olvidás que prácticamente vos me cortejaste?. Mi divorcio de Aída es solamente obra tuya, mientras que sobre el asunto de tu viudez, habría bastante que hablar.

Perica, sin mirarlo, juega nerviosamente con el cinturón del deshabillé, suspira, y concluye mirando al techo:

- Cambiemos de tema, porque éste está agotado. Tu mundo, el de los ingenieros, quedó patentizado anoche en el palco que tu compañía tiene en el Teatro Cervantes.

- ¿Me querés decir de donde sacaste a ese "director asociado", como lo llamás vos y él se lo cree, ese tal Evaristo?. Es lo que verdaderamente se llama un grasita de cancha. Un día te va a acompañar al Colón con un pañuelo en la cabeza, con cuatro nuditos en las puntas. Ya me dí cuenta que te obedece como un perrito faldero. Solo falta que con la lengua te lustre los zapatos. Para hablar algo, en el entreacto, le pregunté si jugaba tenis y el muy bestia me dijo que él solo jugaba fútbol. Además, tiene la maldita costumbre de llamar a las personas por su nombre de pila y tutearlas, aunque no se le dé confianza. Es un caradura, un atrevido insolente, un chanta de cafetín barato, sin cultura ni roce social.

A esta altura de la discusión, Daniel se pone nervioso y agitado agrega.

- Evaristo es mi hombre confianza en los negocios. De su boca jamás sale una palabra. Es una tumba.

Perica sonríe socarronamente y vuelve sobre lo anterior.

- Tu compañía es de opereta, lo que en correcto porteño se llama un "curro". Es un grupo de vivillos que venden ofertas de trabajos de proyectos, y los ganan dando propinas a los empleaduchos públicos que tienen que hacer las adjudicaciones. Cuando consiguen un contrato, salen apurados a buscar quien sepa hacer los trabajos y subcontratan. Por lo regular, subcontratan a los mismos empleados de las empresas del estado que les adjudican, para tener contenta a la mafia interna del cliente. Hay que tener una verdadera fantasía tropical para llamar a eso una empresa. Pero viejito, ¿ me vás a engrupir a mí ?. De ingeniería, lo único que saben en tu boliche son las cuatro operaciones de la aritmética, hechas con esa calculadora de bolsillo de la que no te desprendés nunca. Creo que hasta la llevás al retrete. Vos sos solo un simple vendedor de ingeniería, un mercachifle de mala muerte, un bolichero de la ingeniería. ¿ Porque no te hacés creyente y te vas a confesar ? ¡ateo fanático !, papanatas sin un cobre.

Perica se detiene porque Daniel va hacia ella con aire amenazador. Recuerda que hace pocos días, le dió un bofetón, por mucho menos. El se detiene cerca y agrega.

- No te pongo las manos encima, porque no quiero un escándalo en casa. Seguro que el personal de servicio está detrás de alguna puerta haciéndose la gran farra.

Perica agrega rápido.

- Si todo esto lo hacés para pedirme el divorcio, vas por mal camino. ¡Si te casaste conmigo, bancátela nenito!. Yo no pienso hacer el papelón de divorciarme. A lo sumo, me voy a vivir a Mónaco, como la mujer de ese jugador de fútbol que no me acuerdo como se llama.

La mucama entró silenciosa con la bandeja y el desayuno y la colocó suavemente sobre la mesa. Jugo de frutas frescas recién liquadas, mermelada, tostadas, manteca, crema, leche, té, servilletas finas de hilo bordadas, jarroncito con flores frescas, platos de porcelana francesa, y cubiertos de plata. La mucama hizo como no saber lo que pasaba, pero era evidente que estuvo esperando detrás de la puerta, un alto en la discusión, para entrar antes de que se enfríe el café. Se sientan a tomar el desayuno, cada uno con su mundo interior a cuestas y el pulso alterado por la disputa. Al concluir, Perica sale hacia el dormitorio y cierra la puerta de la antecocina con un portazo. Daniel reflexiona interiormente, pensando que esta es peor que la anterior mujer. La primera, por lo menos, era humilde y la madre de sus tres hijos varones.

ACTO SEGUNDO

Daniel sube a su coche, arranca y lo saca de la cochera a la calle. Enfila hacia la autopista Panamericana, pasando frente al Club Atlético San Isidro. Al llegar a la autopista, hace el giro en el distribuidor de tránsito y toma hacia Buenos Aires. La niebla está peor de lo esperado. Conduce con la mayor prudencia posible por el carril de baja velocidad. Aminora la marcha y pasa sin detenerse por el puesto de peaje electrónico automático que debita en su tarjeta de crédito y acelera un poco. Mientras conduce trata de olvidar la discusión con su mujer y ordenar las ideas para la conversación con el ingeniero Andrea Vaqueli, ese maldito italiano acostumbrado a negociar y sacar ventajas. La cosa estaba en su punto maduro y había que cerrar el negocio cuanto antes, para evitar que se pudiera entrometer algún intruso. Mientras conduce va ordenando las ideas para llevar la conversación con el maldito ingeniero. Había que forzar la negociación para concretar, ya que era la comidilla de todas las reuniones del ambiente empresario que llegaba el momento oportuno.

La empresa Latekin S.A. sería la adjudicataria principal en el reparto de las obras y se habían deslizado sumas importantes a la comisión adjudicadora del ente estatal regulador.

Pero estaba pendiente la ingeniería de detalle y Vigas y Losas S.R.L., la empresa de Daniel, estaba persiguiendo el contrato, no tanto por el monto en juego que no era muy significativo, sino porque entre las tareas a encomendar había una comparación de ofertas secundarias y de esa comparación dependían una gran cantidad de adjudicaciones menores que sumadas, representaban un monto de dinero importante. En ese trámite se podía inclinar la balanza en cualquier dirección, y recibir por izquierda la comisión de rigor de las empresas menores que ganasen las obras. Eran las reglas del juego. Esa comisión, por supuesto, era un negocio particular de Daniel y punto. Sus socios nunca sabrían nada. No había porque repartir esas comisiones, cuando se las podía quedar Daniel solo, que era quien había ideado el negocio. Pero el rival de Daniel en estas cosas, una vez más, era el ingeniero Ricardo Letta, titular de la empresa asesora Tasa S.A., que siempre le soplaba los negocios. Daniel le tenía un odio visceral. En cuanta reunión salía el tema, Daniel describía a su rival Ricardo Letta como un extravertido, proclive al autoelogio y vendedor de fantasías. Daniel sabía que Ricardo andaba detrás del mismo negocio y eso lo tenía irritado.

En un momento, apareció una luz roja cercana y tuvo que hacer una brusca frenada y una maniobra rápida para evitar llevarse por delante a un automóvil que marchaba adelante. Allí el tránsito lo llamó a la realidad y dejó de pensar irritado en Ricardo y volvió a sus reflexiones sobre el maldito Andrea Vaqueli. Temía que sabiendo como son las cosas de esta vida, le pidiese una parte de la comisión para él, sin pasar por la tesorería de Latekin S.A. Tanto Daniel como Andrea querían hacer sus negocios privados, sin pasar por las contabilidades de sus respectivas empresas. La duda mas grande era si su rival Ricardo Letta, había entrado en la trenza y lo había tocado a Andrea antes que él, o lo había tentado con una comisión mayor. La conversación con Andrea Vaqueli a llevarse a cabo dentro de un rato, sería como una partida de póker entre tramposos del lejano oeste norteamericano. Dos días antes Daniel había invitado a almorzar en el Plaza Hotel a varios ingenieros y abogados de la entidad estatal reguladora, que veían con buenos ojos la adjudicación de la ingeniería de detalle a la empresa de Ricardo Letta.

Sin embargo, los funcionarios oficiales se manifestaban opuestos a que esos trabajos se entregaran a una empresa privada y expresaban su deseo que la entidad estatal contratara ella, con sus medios, los trabajos a varias consultoras de su confianza. Todos sabían que esa era una postura falsa, un telón para mostrarse como defensores de los intereses del estado frente al sindicato, que estaba buscando una jugosa comisión para sus mesas directivas. En otro frente, los grupos de presión de la entidad estatal luchaban a brazo partido para que les llegase a ellos alguna comisión, a fin de solventar los gastos de la próxima campaña electoral y quedar bien con los caudillos que les aseguraban una posición interesante a la hora de repartir puestos donde se hacen negocios. En lo privado, todos estaban de acuerdo en que los trabajos se entregasen a una empresa privada, para no tener el incordio de hacer los trabajos y pasarla más aliviada en las oficinas, pero eso era solo una postura exterior, un telón de fondo para brindar al negocio el aspecto transparente y limpio de siempre. No sea que se entere algún periodista escandaloso y pida la comisión de rigor por mantener el silencio de prensa. Otro grupo menor de empleados de la subsecretaría de estado, estaba ansioso para que los trabajos se adjudicasen a una empresa privada, para asegurarse así el funcionamiento de la oficina de control de gestión.

Era normal que cada factura que presentasen los contratistas debía ser controlada por esa oficina, que al revisar los cálculos, siempre descubría un error grave que obligaba a entrar en conversaciones para lograr la aprobación, y con esa aprobación, la liquidación y la emisión de la orden de pago a la empresa contratista. El control de gestión era un aliado perfecto de esos negocios. El valor de cada certificado de obra debía revisarse y volverse a calcular. Pero algunos infidentes le habían adelantado a Daniel que Ricardo Letta habría deslizado la promesa de que si le adjudicaban el contrato a su empresa, inmediatamente subcontrataría con la Hídrica Argentina S.A., que era propiedad de un grupo de ingenieros de la misma subsecretaría estatal. Una especie de empresa paralela, compuesta por las mismas personas que desde las posiciones oficiales, debían aprobar los planos que ellos mismos ejecutaban en su empresa privada. Una inteligente red de negocios. En concreto, la adjudicación principal sería a Latekin S.A. y ésta debía decidir si la ingeniería de detalles, los planos, los hacían ellos mismos con su oficina de proyectos, o los subcontrataban con Vigas y Losas S.R.L., la empresa asesora de Daniel y de esa manera, los negocios se podían manejar más fluidamente. Pero esta madeja estaba pendiente de la opinión del directorio de Latekin S.A., que debía ser manejada hábilmente por Andrea Vaqueli. Todos los participantes de esta red, eran lo suficientemente prudentes como para no levantar ola y "empiojar" el negocio, como se dice en la jerga del estado. Si algún funcionario oficial se ponía molesto, la oficina especializada de Latekin S.A. lo calmaba, porque llevaba un riguroso registro de todas las comisiones pagadas en los últimos veinte años y rige el ¡quien esté libre de pecado, que tire la primera piedra!. De todos modos, en el reparto todos recibían algo. Los funcionarios públicos que no entraban en las comisiones directas, eran premiados con viajes al exterior con un familiar, a todo lujo, para hacer las inspecciones en fábrica de los suministros.

El coche seguía avanzando por la autopista Panamericana, hasta que tomó por la Avenida General Paz, rumbo al centro de Buenos Aires. Por la radio, uno de los comunicadores sociales de los programas matutinos informaba que Menen había volado a San Pablo para desenredar uno de los frecuentes entuertos con Brasil por el Mercosur, cuando no, por la industria automotriz. Luego siguió por la Avenida Lugones en línea recta, pasando frente a los fondos de la Escuela de Mecánica de la Armada que no se veía por la niebla. Tampoco se veía el estadio de River Plate. La niebla era muy espesa y el tránsito comenzó a tornarse llamativamente muy lento. Los coches marchaban unos a la vista de otros, muy despacio, dentro del manto gris, con ese silencio característico de la condición meteorológica. Al cruzar la calle Pampa, Daniel tuvo que marchar a paso de hombre, entre los autos y dentro de esa maldita niebla. Temía llegar tarde a la entrevista con Andrea Vaqueli, ante este imprevisto.

Donde comienza la cabecera de la pista de aviación del Aeroparque Jorge Newberry y con las instalaciones de la planta depuradora del agua de la empresa Aguas Argentinas a la derecha, que apenas se distinguía, el tránsito se detuvo por completo. Daniel percibió una gran cantidad de luces rojas parpadeantes en la parte central de la autopista, y avanzó penosamente arrancando y deteniéndose. Había un nudo de tránsito tal vez por la niebla, pero pronto descubrió que no era esa la causa. Varios policías de tránsito con chalecos rojos reflectantes, colocados en medio de la autopista, obligaban a los automovilistas a desviarse hacia la derecha, dado que la mitad izquierda estaba cerrada al tránsito por medio de varios automóviles patrulleros de la Policía Federal, que se habían colocado cruzados en forma de barrera para clausurar el paso por la mitad izquierda. Delante de los patrulleros, los policías hacían señales con bastones luminosos para que los automovilistas se desviaran y prosiguieran por la mitad derecha. El tránsito se apiñaba, porque se había formado un verdadero embudo. Era evidente que pasaba algo grave. Daniel pensó que tal vez por la niebla, había ocurrido algún accidente de tránsito. Cuando cruzó por la parte más estrecha del embudo, miró hacia la izquierda tratando de ver cual era la causa de este embotellamiento y vio sobre el pavimento los cuerpos de dos personas, que la policía había tapado con telas. Pensó que un automóvil las había atropellado, sin imaginar que esas personas muertas tenían alguna relación con los ingenieros que debía ver dentro de un rato, al llegar al centro. Una ambulancia, precedida por dos motocicletas de la Policía Federal, se dirigía al lugar de los hechos, en donde había otros automóviles, tal vez del juez que había concurrido para intervenir. Después de este contratiempo, Daniel encontró el tránsito otra vez fluido y subió a la autopista Arturo Illia, para desembocar por la avenida Santa Fe, hacia Retiro. Pasó frente al hotel Sheraton del que solo se veía el primer piso y dobló por la avenida Madero para entrar en el estacionamiento subterráneo de Latekin S.A., donde dejó prolijamente el coche en un lugar libre. Pasó por el toilette para arreglarse un poco el pelo y ver si estaba presentable. Fue hacia el sector de ascensores y marcó el botón de pedido. Casi enseguida se abrió la puerta de uno de los ascensores. Daniel entró, marcó el piso deseado y a medida que subía rápidamente, por su mente se agolpaban los pensamientos, a los que trataba de ordenar imaginando como sería el diálogo.

ACTO TERCERO

Llegó al piso, salió del ascensor y se dirigió a la señorita recepcionista, una chica bonita, bien vestida y absolutamente tonta, como es de rigor. Daniel le dijo:

- Tengo entrevista con el ingeniero Andrea Vaqueli. Soy el ingeniero Daniel Ensenada, de la empresa Vigas y Losas.

La chica, dirigiéndose mecánicamente al teléfono interno dijo:

- Aquí está el ingeniero Ensenada, para el ingeniero Vaqueli.

Dirigiendo la mirada hacia Daniel lo invitó, señalándole una puerta.

- Pase a esa salita, ingeniero, por favor.

Traspuesta la misma, se encontró con una coqueta sala de espera. Por otra puerta opuesta, apareció una elegante secretaria ejecutiva de mediana edad, de esas con mucho mando porque conocen demasiadas cosas, vestida con un conjunto que visiblemente era de un modisto caro de la avenida Alvear. Muy autoritaria, sin dejar de ser atenta y sin dejar su falsa sonrisa de azafata dijo:

- Ingeniero Ensenada. Soy la secretaria del ingeniero Vaqueli, mucho gusto en conocerlo personalmente, aunque ya nos conocíamos por teléfono. Enseguida lo atenderá el ingeniero. Mientras tanto - ¿ gusta un café, un té, una gaseosa ? . - Daniel aceptó café. La secretaria volvió sobre sus pasos y desapareció por la puerta por la que había entrado. La sala tenía sillones de lujo y en las paredes cuadros con copias de pinturas de renombre. Uno solo de los cuadros era de valor, el del pintor argentino que había ejecutado por encargo de la empresa Latekin S.A. varias obras, durante una estadía en las plantas industriales. Representaba a un operario metalúrgico, con una herramienta en la mano, con rostro bondadoso y adusto. En las paredes había también fotografías de obras importantes ejecutadas por las compañías que integran el grupo. Sobre las mesas, publicaciones diversas de tipo institucional, entre las que figuraban los infaltables balances de las diversas empresas del holding. Por supuesto, los balances oficiales firmados por el síndico y avalados por un contador público nacional, de esos que se hacen llamar "doctor", inscripto en el Consejo Profesional de Ciencias Económicas, con la matrícula al día, lo que era todo una garantía. En esos balances publicados no aparecían -por supuesto- los balances de la oficina que el grupo empresario tenía en las Islas Caimán y en Panamá, donde se centralizan las cuentas totales internacionales, se hacían los movimientos de fondos entre los diversos países y entre las diversas compañías del grupo. Por el amplio ventanal se puede apreciar que la niebla comienza a despejarse y se insinúan las siluetas de los edificios cercanos.

En el mismo piso en que espera el ingeniero Ensenada, en otra oficina, se desarrolla una escena completamente diferente. El ingeniero Andrea Vaqueli estaba de pié, nervioso, junto al ventanal que da hacia el Río de la Plata, conversando con otros dos directivos de la empresa. El diálogo era tenso y poco común, con los ingenieros Roberto Romanelli y Franco Farinelli. En ese momento, la secretaria ejecutiva, por el intercomunicador, le avisa que ha llegado el ingeniero Daniel Ensenada, a lo que Andrea Vaqueli, visiblemente molesto ordena:

- ¡ Entreténgalo ! , que ahora no lo puedo recibir.

La secretaria, acostumbrada a estas situaciones, vuelve a la sala de espera y le avisa a Ensenada que el ingeniero Andrea Vaqueli está por llegar al edificio porque tuvo una importante entrevista afuera, que lo ha demorado, pero que inmediatamente que llegue, lo recibirá. En ese momento un mozo correctamente vestido con chaqueta blanca impecable y pantalón negro, entra con una bandeja de plata y pocillos de porcelana china. Le sirve café al ingeniero Ensenada con una pizca de leche y el visitante se acomoda para esperar.

Dentro de su despacho, el ingeniero Andrea Vaqueli escucha el relato del ingeniero Roberto Romanelli que, pálido y con voz emocionada relata las noticias llegadas hace un momento a la empresa.

- Así no más es. La policía encontró el cadáver de la mujer de Romulo Carpatti esta mañana en la Avenida Lugones, al costado del aeropuerto, junto al cadáver de un hombre joven, los dos asesinados en forma despiadada con una cuchilla. Por las noticias de un oficial de la policía que estuvo revisando los cuerpos, habrían sido asesinados en otra parte y tirados allí desde algún vehículo en marcha. Era de esperar que esa chica terminase mal por el uso de las drogas, pero a este extremo, nadie lo presentía.

El ingeniero Andrea Vaqueli, sin salir de su estupor, razona en voz alta:

- Cuando Romulo se casó con ella en Venezuela yo fui a la boda. Marlene, que así se llamaba la chica, era una mujer espectacular, siempre vestida a la moda. Le gustaba la farra. Romulo no podía seguirle el tren, hasta que se separaron, porque cuando a él lo enviaron a Buenos Aires, ella no quiso venir. Dijo que estaba cansada de América y quería volver a vivir en la costa azul italiana. Le gustaba vivir en San Remo, para estar cerca de Mónaco. El sabía que su mujer tenía una vida agitada, pero al extremo de terminar tirada muerta desde un automóvil, junto al cadáver de otro hombre, eso era difícil de imaginar. Además, no sabía que estaba en Buenos Aires, posiblemente había venido para pedirle dinero. Aunque como todos sabemos, cuando se entra en la droga, el tobogán no te para.

El ingeniero Franco Farinelli sigue el relato de lo que sabe:

- Ahora mismo nuestro jefe de Relaciones Públicas ha salido urgente hacia el Departamento Central de Policía, para ver a una persona influyente y tratar de poner una tapa a este asunto y que no llegue al periodismo. Ustedes saben como son los periodistas. Lo primero que van a hacer es sacar fotografías del cadáver junto a la foto del edificio de las oficinas de la empresa y casi enseguida, un emisario del diario vendrá a negociar el silencio por una buena suma de dinero. El periodismo bien sabemos como trabaja. Estos cretinos de los diarios y revistas saben que la imagen empresarial se arruina ante la opinión pública en solo dos minutos, si aparece semejante novelón en los periódicos, con fotografías de nuestros directivos y de este edificio. Hay que mantener el secreto, mientras se pueda.

Andrea Vaqueli agrega, murmurando como hablando consigo mismo:

- No es para tanto. Hay que tratar solamente que aparezca con el apellido de soltera.

A la acotación de Andrea Vaqueli, Roberto Romanelli irrumpe preocupado:

- No te olvides que anoche, Romulo Carpatti fue a la casa del canciller para cenar y hablar de negocios y se llevó a la nueva mujer con la que hizo capote gracias un generoso escote y un tapado de piel espectacular. Estamos en un momento crítico de este asunto para la construcción de una planta de agua potable en los países árabes. Ese negocio es importante. Las obras y los suministros son chauchas y palitos que usamos para adornar el verdadero negocio, que es el giro de divisas al exterior al amparo de esa reglamentación a medida que nos hizo el Congreso Nacional. Acordate que tuvimos que arreglar a muchos legisladores y nos costó un fangote de guita en atenciones a los diputados socialistas, que son los que más tironean antes de aceptar.

Se hizo un momento de silencio, en que cada uno pensaba febrilmente sobre lo conversado, para tratar de agregar algo útil. Rompió el silencio Andrea Vaqueli comentando:

- Hablando de políticos, me estoy acordando de aquel canciller que era un bolche que se había disfrazado de democrático. Siempre pensé que un día se pasaría al Movimiento al Socialismo y por mucho no me equivoqué. Acordate que cuando los militares estaban desinfectando al país del terrorismo, éste se la pasaba delante de la embajada argentina en París haciendo marchas y sentadas, con la guita que le sacaba a los franceses haciéndose el pobre perseguido por la dictadura. Pero cuando de negocios personales se trata, dejaba sus ideales socialistas, se olvidaba del pueblo sufriente, se olvidaba de Lenin, dejaba de despotricar sobre la teoría del capitalismo liberal de Adam Smith y metía la mano en todo lo que podía.

Roberto Romanelli, poniéndose en filósofo, se pasa la mano por la cara y mirando por el ventanal dice en tono reflexivo:

- Marlene era lo que se dice una verdadera puta fina. No había hombre que no le interesara. Pero hablando de mujeres, me acordé de otra cosa. Oí que tu secretaria dijo que vas a recibir al ingeniero Daniel Ensenada. Haciendo memoria te pregunto: ¿La actual mujer de Ensenada, es la misma que hace dos meses me presentaron en un cóctel en Río de Janeiro, una que se llama Perica, en aquella fiesta para entregar no sé que premio a una empresa?.

El ingeniero Andrea Vaquelli completa:

- No estoy seguro, pero bien podría ser esa loca linda que anda a la pesca de fortunas y una buena vida. Bueno muchachos, no puedo seguir más esta charla. Nos veremos dentro de dos horas en el comedor del Plaza Hotel para almorzar, porque ahora quiero hacerlo pasar a Ensenada. Anda detrás de un negocio personal para ayudarnos en una licitación, a cambio de que le sub-contratemos una parte del negocio, pero el muy boludo no sabe que todo esto ya está cocinado en otra dirección, a mayor nivel y con más clase. Lo voy a despachar con cualquier pretexto. Es un bicho que no me gusta nada.

Dirigiéndose al intercomunicador le grita a la secretaria:

- Cuando salgan los ingenieros Romanelli y Farinelli, haga pasar a ese tal Ensenada.

LA INAUGURACION

El sol de la diez de la mañana cae sobre la ciudad de Arroyo Mediano con bastante furia. El comentario obligado de todas las personas era la temperatura que se registraba en ese día medio festivo. Era muy alta, teniendo en cuenta la época del año. Todos los habitantes de esa hermosa región de la pampa húmeda estaban sofocados y mirando al horizonte, donde los nubarrones del frente de tormenta se arremolinaban y retorcían augurando un cambio de tiempo en pocas horas y la vuelta a la normalidad meteorológica. El tema de conversación casi obligado era si a las once de la mañana, en que estaba anunciado que las autoridades provinciales llegasen para inaugurar la chimenea de la central eléctrica, se largaría el chaparrón. La tribuna para los discursos no estaba techada, pero sí prolijamente alfombrada con elementos traídos desde la capital de la provincia por la Dirección General de Acontecimientos, la que también aportó los altavoces y un equipo amplificador. Todo fue posible porque un vecino importante bajó a la ciudad capital de la provincia para entrevistar a personas influyentes de los medios oficiales. Desde las ocho de la mañana que están probando la red de altavoces gritando:

- ¡hola!, ¡hola!, uno, dos, tres, probando los equipos.

Hasta que por fin a las diez de la mañana, el amplificador pudo ser puesto a punto, no distorsiona más, se entendía lo que se hablaba y comienzan a irradiase marchas patrióticas para levantar el ánimo. Los altoparlantes, junto a escarapelas gigantes, están estratégicamente colocados por todos los lugares de la central generadora de la energía eléctrica, llamada por la gente del pueblo "la usina de la luz" y también a lo largo de la calle que comunica el edificio con la ruta provincial de acceso al pueblo. Agentes de la policía provincial apostados estratégicamente a lo largo del camino que harán las altas autoridades, con riguroso uniforme de invierno, dado que se está en el principio del invierno y que sea un día de calor extremo, no estaba previsto en el reglamento. Los agentes policiales desean que esto termine cuanto antes para ir a tomar una cervecita. Aguantan, porque les prometieron un generoso franco compensatorio. La capa de ceremonias y la espada pesan mucho. Los chicos cruzan la calle jugando y los grandes se esfuerzan estirando el cuello para examinar el horizonte, tratando de descubrir al auto negro oficial con motocicletas adelante y atrás, que trae al gobernador con todo su séquito. Cada tanto se produce un momento de nerviosidad, cuando algún auto negro entra raudamente por la calle principal llevando a un auxiliar de contaduría que va en comisión al acto de la inauguración, cobrando sus viáticos. Los agentes de la policía se cuadran aparatosamente y hacen la venia, por si acaso. Los niños de las escuelas locales estuvieron formados desde la hora ocho con banderitas en la mano, y la consigna de agitarlas cuando pase el auto del gobernador, pero cansados han roto filas y juegan con cuanta cosa se parece una pelota. Por el calor reinante, hubo dos desmayados.

La central eléctrica de Arroyo Mediano había incorporado a su equipamiento un motor diesel nuevo, muy necesario para terminar con los cortes de corriente, gracias a una partida de dinero votada apresuradamente por la legislatura provincial antes de las últimas elecciones. Hubo un gran jaleo por parte de la minoría, que proponía resolver el problema en forma más económica, prolongando una línea de media tensión desde el pueblo vecino y con el dinero sobrante, hacer un puente en otra ciudad en donde andaban flojos de votos. En menos de dos meses se había votado la partida, obtenido la imputación contable, llamado a concurso de precios, adjudicado y comprado el nuevo grupo electrógeno en cuestión. Allí se advirtió que con el apurón, habían olvidado en los pliegos de la licitación de colocar la necesaria chimenea, a fin de que el humo del motor siguiera la dirección vertical sin incomodar a los vecinos. Pero la mala fortuna de los habitantes de Arroyo Mediano hizo que el oficialismo perdiese la elección y el expediente tramitando la partida de dinero necesario para comprar la chimenea, corriera injusto destino al quedar "cajoneado" el expediente. Se instaló el motor diesel porque la licitación se hizo, pero no la chimenea, por lo que fue imposible habilitarlo.

Durante dos años, ningún funcionario de alma piadosa decidió quitar unos pocos pesos de la partida destinada a viajes de funcionarios y legisladores provinciales al extranjero por razones de servicio y colocarlos en la partida para gastos de equipamiento de centrales eléctricas. Muchos vecinos voluntariosos de Arroyo Mediano pagaron de su bolsillo lo necesario para que comisiones viajaran a la capital provincial, a fin de entrevistar a gente influyente, todo sin resultado. Pero se aproximaban ahora las elecciones para elegir gobernador y los opositores, ahora oficialistas, se percataron que con poca plata podían quedar bien con la gente de Arroyo Mediano. Pusieron la compra de la chimenea en la plataforma del partido, y cuidaron bien de avisar *"que dotarían al sufrido pueblo de Arroyo Mediano, tan olvidado por los malos gobernantes, de la chimenea que tanto se necesitaba, clamor que había tocado las fibras íntimas de los hombres que tenían la responsabilidad de regir los destinos de la provincia".*

Así las cosas, hoy se inauguraba la chimenea y el motor podría funcionar. Bueno, simbólicamente funcionaría un rato, unos veinte minutos el día de la inauguración y luego habría que detenerlo porque al hacer las pruebas después del montaje, se había verificado que la chimenea se inclinaba ligeramente por un defecto en las fundaciones que se detectó a último momento y podría correr el riesgo de derrumbarse si no se hacía un estudio del suelo y se reforzaban los cimientos. Había que revisarla y corregir el defecto. Pero simbólicamente, por lo menos, se ponía en marcha. Mas adelante, después de las elecciones, si la legislatura votaba otra partida de dinero adicional, se completarían los trabajos. Para peor, al ingeniero asesor que habían enviado a Italia por un año para especializarlo en chimeneas, se había disgustado al regreso con el Director General de Humos, Gases y otros Fluidos por un asuntillo del comité que los tenía distanciados y había presentado la renuncia, llevándose los planos. Se sospechaba que en los planos, el ingeniero había advertido sobre la necesidad de hacer un estudio de suelos antes de colocar la chimenea, pero al renunciar enojado, dejó para su sucesor esa responsabilidad.

Como la partida de dinero para asesores con jubilación de privilegio de la legislatura provincial se había incrementado y en adelante se contaría con tres asesores técnicos para los asuntos de chimeneas, la incorporación estaba demorada por falta de fondos. Para dar transparencia a esa incorporación de asesores, se había llamado a concurso, trámite durante el cual, al haberse presentado un amigo del ministro provincial de obras públicas que no tenía título habilitante, el concurso fue impugnado por el consejo profesional, estando todo paralizado. No obstante se había dado un paso positivo y la chimenea emergía de la central eléctrica, lista para el acto inaugural.

Dentro del local se habían colocado muchas banderas y carteles alusivos como " Nosotros cumplimos" , "Lo prometimos y aquí está", "Mejor que hablar es tener una buena plataforma" , "El gobierno no olvida a su pueblo" y algunas más. Había escarapelas y frases fascistas que alguna vez pronunció el general en su época más gloriosa. Una fracción disidente del sindicato colocó varios lemas marxistas que, a pesar de no gustarle a nadie, no fueron quitados por el temor a que el sindicato declarase un paro general con movilización en todo el país, como represalia al atropello autoritario y falta de sensibilidad social.

A las once de la mañana, la ansiedad se puso de manifiesto por las idas y venidas del Director General de Corriente Alterna del Ministerio de Asuntos Técnicos, con rango y sueldo de ministro, reteniendo el cargo de asesor de la Honorable Legislatura Provincial. Los movimientos se debían a que por teléfono, avisaron que el Gobernador había salido y se dirigía a Arroyo

Mediano. El ingeniero jefe de la central eléctrica, vestido de riguroso traje oscuro y corbata al tono que la señora le compró para esta ocasión, rogaba a todos los santos del cielo que, cuando el gobernador accionase la palanca de puesta en marcha del motor, ésta no fallase. Poco a poco habían llegado todas las autoridades locales y cuanto funcionario encontró algún pretexto para sumarse a la comitiva e ir de paseo a Arroyo Mediano, comer el asado que pagaría la empresa contratista constructora de la chimenea y por supuesto, cobrar los viáticos. Las maestras se aglutinaban y hablaban de la antigüedad docente, de las licencias con goce de haberes que les permitía el Estatuto, del escalafón y de los vestidos de las que no eran maestras. Los periodistas caminaban con aire displicente, cámara en mano, sabiendo de su importancia.

Sorpresivamente un helicóptero se apoyó en un terreno libre existente en los fondos de la central eléctrica y del mismo descendió el gobernador junto con todos los asesores que pudieron embarcar sin impedir que la máquina se elevase y ante la sorpresa general, penetró en la central por la puerta trasera destinada al movimiento de camiones. Un empleado que no lo reconoció, le gritó para que no pisara unos cables. El repentino cambio de frente originó un desorden. El gobernador no fue recibido por ninguna autoridad local, ni por los funcionarios del protocolo, que estaban en la puerta principal de entrada. Se detuvo sin saber que hacer. Un empleado que lo reconoció le entregó una carta pidiendo mejoras en el sueldo y que reparasen una antigua injusticia en el escalafón, a lo que el gobernador lo abrazó. El único que atinó a correr en dirección a la puerta principal para avisar lo que ocurría a las autoridades que esperaban en la entrada, no podía abrirse paso ante la multitud que había advertido al gobernador y avanzaba hacia él. La marea humana alertó a las autoridades que esperaban. Con la ayuda de la fuerza pública y varios señores corpulentos, de civil, con traje oscuro y anteojos negros, que pertenecían a la brigada especial, llegaron hasta el gobernador que estaba totalmente bloqueado, pero su jerarquía y las próximas elecciones le obligaron a colocarse su mejor sonrisa ante los apretujones.

Ya producido el difícil encuentro y restablecida la calma, se escucharon los manotazos que se dan los políticos en las espaldas al abrazarse, cuando se encuentran y dicen saludarse. Por momentos, hasta parece que se estiman. El gobernador propuso iniciar la visita de las instalaciones desde ese lugar. El ingeniero jefe se puso pálido, ya que había proyectado la recorrida comenzando por la puerta principal y desde allí habría ahora que pasar por dos o tres lugares poco presentables porque no habían sido preparados. La marcha se inició por el recinto de cables que es estrecho y permite solo el paso de dos personas a la vez. Esto convirtió al lugar en un embudo, originando embarazosas situaciones con las jerarquías en la puerta de acceso. Detrás del gobernador entró el jefe del regimiento local, ante la poco amistosa mirada del obispo, que consideró que él debía seguir al gobernador, como jefe espiritual de la feligresía. Estas dificultades y titubeos se repitieron hasta que las jerarquías bajaron lo suficiente como para terminar con las sonrisas y el protocolo y entrar por métodos más populares. Nadie quería perder vista al gobernador. Como la visita estaba prevista por otro camino, al salir del recinto de cables el gobernador entró en una sala amplia y bien ventilada, que era el vestuario de los operarios y que no estaba en el itinerario. Un trabajador que estaba en calzoncillos cambiándose se vio de pronto rodeado por altas personalidades y un tumulto, sin saber que debía hacer ante esto. Los que pasaban, tampoco sabían porque. El obispo se hizo el indiferente y le habló al jefe del regimiento local, tratando de disimular la situación.

Llegaron así a un recinto en que el ingeniero jefe apabulló al gobernador con una aburrida lista de datos técnicos sin importancia y que no interesaban a nadie. Volcaba sin piedad información, sin lograr ni una mirada de interés del gobernador. Al llegar a la sala de comando de la central, corazón del sistema y desde donde se controla y maniobra todo, el gobernador puso cara de entendido y miró hacia el panel general lleno de instrumentos cuyas agujas ejecutaban pequeños movimientos, lo que indicaba que algo vivía detrás de ese aparente mundo inmaterial. El gobernador, como buen humanista y político, representaba típicamente al analfabeto técnico. En lo íntimo de su ser, sintió fastidio. La técnica se le escapaba de las manos, no la entendía por más que trataba de hacerlo y porqué no decirlo, le temía un poco a esos malditos ingenieros. El ingeniero jefe lo sacó de sus reflexiones íntimas y quemando los últimos cartuchos, le dio una explicación apresurada y confusa que desorientó aún más al gobernador. Para él, abogado de oficio, todo aquello que vociferaba el ingeniero jefe de la central eléctrica sonaba como un disco de jazz de treinta y tres revoluciones por minuto, colocado en un giradiscos de setenta y ocho.

El gobernador miró con disimulo el reloj. Tenía que ir a otra inauguración. Quizás el almuerzo que serviría y pagaría la empresa contratista de las obras en el Club Social y Deportivo de Arroyo Mediano, sea bueno. Se rumorea que en este club, de noche, se despluman unos a otros jugando a las cartas, como en toda ciudad del interior argentino. Si el asado es malo, el frente de tormenta y el viaje en helicóptero serían un pretexto válido para irse. Pero si las empanadas son buenas y el frente de tormenta llega, el gobernador seguiría la gira en auto. Para ello, hizo venir al chofer. Luego de una seguidilla interminablemente larga de términos técnicos con que el ingeniero jefe atormentaba al funcionario tratando de mostrar su versación, concluyó con la frase de estilo:

- Y ahora, excelencia, lo invito a poner en marcha el motor diesel, cuyo escape inaugurará la chimenea que su gobierno ha instalado con tanta visión de futuro.

La mirada del gobernador enfocada en un punto distante detrás del ingeniero jefe, se adaptó rápidamente y vio en forma clara, aquella figura de donde había salido tanta erudición técnica. Lo tomó del brazo con gesto de correligionario en tren de hacer alguna confidencia y asintió con la cabeza. El ingeniero jefe creyó que el gobernador había entendido su explicación y se emocionó un poco al sentir la mano del gobernador tomando su brazo y dirigiéndose juntos hacia el panel en donde estaba el control de arranque. La comitiva salió de la sala de control y se encaminó hacia el pupitre de mando en la sala de máquinas. El gobernador se detuvo frente al puesto que le señaló un asesor del ceremonial, para facilitar el trabajo de los fotógrafos. Detrás, muchos pugnaban por colocarse cerca del gobernador para salir en los informativos de la televisión. El obispo bendijo con natural dignidad la mole de hierro que le señalaron y un entendido le susurró al gobernador cual era la palanca que debía accionar. El gobernador se acercó y se hizo el silencio. El ingeniero jefe rogó a San Cayetano que la válvula de aire comprimido que ponía en marcha la maquinaria, no se trabase, como había ocurrido algunas veces al hacer las pruebas. El jefe de montaje que había venido de Italia para supervisar la operación, rogó a Santa Catalina de Génova que la bomba de inyección de combustible no estuviera tapada, como había ocurrido al hacer las pruebas antes de embarcar los equipos y además, sintió un gran deseo que todo eso terminase cuanto antes, para ir al Club Social a comer empanadas con bueno vino. El obispo pensó que eso no reportaba mucho a la parte espiritual de su feligresía y tal vez hubiese sido mejor disponer de ese dinero para comprar un terreno con destino a la casa parroquial. El jefe del regimiento local, al ver una botella con aceite para las máquinas, de color amarillo cristalino transparente en un estante lejano de la pared, se acordó que cuando su asistente concluyese de hacerle las compras en el supermercado a la señora, lo tenía que enviar a Buenos Aires, a la proveeduría de la Obra Social, a comprar unas botellas de whisky y varios cartones de cigarrillos. Cientos de ojos caían sobre el gobernador, cada uno con su propio mundo a cuestas, acomodado a su percepción personal, a sus deseos íntimos.

El gobernador avanzó y apoyó la mano sobre la palanca que le indicaron. Sintió el frío del metal pulido, junto al silencio y la expectativa. Muchas veces en su trayectoria política había estado en condiciones semejantes, pero hoy se sentía acompañado por una sensación diferente, algo nuevo y hermoso. Cerró el puño desechando pensamientos y se concentró en lo que tenía que hacer, pero no pudo dejar de pensar que ocurriría si el motor no arrancaba. No importaría mucho porque él no era el responsable técnico, sino esos malditos ingenieros, esas bestezuelas tecnológicas a las que no podía entender. Pero su imagen política podía dañarse, porque la oposición no se perdería la oportunidad. El domingo próximo había elecciones en toda la provincia y si su partido ganaba, dejaría la gobernación e iría de embajador cultural al Caribe. Desde allí, se podía abrir con bastante facilidad una cuenta numerada en Suiza o una cuenta en eurodólares. Desde Nassau, la capital de Bahamas, al final de esa calle larga saliendo del puerto a la derecha, en donde están todos los bancos y negocios, había una discreta oficina que se ocupaba de esos trámites, ante los serios y pulcros banqueros suizos, incorruptibles, insobornables, modelos de buen proceder, discretos, incapaces de violar ley alguna. Solo aplican las leyes hechas por ellos mismos. El jefe del partido le había dado la media palabra. Claro, que todos estos proyectos se podían ver frustrados, si a los malditos militares se les ocurre hacer otra revolución. Los tiempos estaban cargados de rumores sobre golpes de estado.

El gobernador tira de la palanca y de alguna parte de esa montaña de hierros, de ese bosque de caños que es un motor diesel lento de 6.000 kilowatts de potencia, sale algo parecido a un chistido prolongado, irritante, sin atenuación. Es como si un gigante de los viejos cuentos escondido atrás, chistara para hacerse el gracioso. Casi enseguida, esa enorme rueda que es el volante regulador comienza a moverse lentamente y tomar velocidad progresivamente. La acción está acompañada por un golpetear acompasado, un ruido sordo y fuerte que hace trepidar el piso, como si el Goliat que había chistado comenzara a sacudir el piso con un martillo gigante adecuado a su tamaño. Ya no se puede hablar, porque el ruido de la maquinaria lo apaga todo. La escena se ilumina por los disparos de los fotógrafos. El gobernador se siente como si hubiese superado una crisis de gabinete y aumenta dentro de sí, esa sensación extraña, espiritual, ese algo nuevo que lo estaba embargando suavemente desde que llegó a Arroyo Mediano. Al ingeniero jefe el pulso le retorna al ritmo normal y las piernas se le aflojan. Los aplausos no se perciben por el ruido infernal que hace el motor diesel y el jefe de montaje pone en marcha el cronómetro, para detener el motor justo a los veinte minutos, tiempo calculado como prudente por las dificultades encontradas en la chimenea. Todos se dirigen al palco de los discursos al compás de una marcha militar de circunstancias. Al salir al descubierto, el jefe del regimiento local se coloca la gorra como manda el reglamento. La gente se reordena en grupos conforme sus preferencias, no tanto para escuchar los discursos, sino mas bien, para salir en los informativos televisados.

El gobernador parece estar como ausente. Esa sensación espiritual que lo ataca desde que llegó al acto, persiste y se incrementa. Mira al frente de tormenta. Parece que tendremos mal tiempo y refrescará, piensa para sí. La señora le dijo que saliera con abrigo y lo dejara en el auto por si acaso y él salió con ropa liviana. En fin, la alta función pública obliga a ciertos sacrificios. Pero ahora tenía honores, viajes, vivía en la casa del gobernador en la capital de la provincia, con servidumbre en abundancia y gastos reservados. Había podido comprar algunas chucherías que antes, con el sueldo de legislador provincial, no podía ni pensar. La mitad de la dieta era para el partido, porque todavía no se había votado la ley que otorga a los partidos un subsidio de tres pesos por cada voto logrado en la última elección. Además, para mantener a los correligionarios bajo control, tenía que hacer frecuentes regalos. Pero como gobernador era otra cosa. Manejando bien los gastos reservados, podía hacer algunas economías. La política tiene sus cosas buenas y malas.

Todo mejor ordenado, un funcionario de la Dirección de Acontecimientos hizo una señal discreta al locutor, el que se acercó al micrófono y anunció que a partir de ese momento se transmitía en cadena para todo el país por la red oficial de radiodifusión. Hizo una breve reseña sobre el motivo del acto y anunció que se cantaría el himno nacional. El maestro de la banda militar, consciente de su importancia, se preparó como para interpretar una obra maestra de Beethoven en primera audición, en Viena, frente al palco del emperador y atacó con la música. Hubo quien se emocionó, sobretodo los mas viejos que recordaban como se veneraba a la patria en la niñez, cuando la escuela primaria tenía brillo y excelencia. Pasado el himno que el jefe del regimiento local cantó con voz exagerada y rigurosamente firme haciendo la venia y un patriota aislado que cantó con alegría, el locutor volvió al micrófono anunciando que haría uso de la palabra el gobernador, dado que tenía que retirarse a otro acto y no disponía de mucho tiempo. Había otros discursos previstos que debieron ser suspendidos.

Ante la sorpresa general, el gobernador no se movía, estaba como absorto en sus propias reflexiones y no había advertido que lo citaron para hablar. No muy lejos en la planicie pampeana pastaba un caballo feliz, al que el gobernador miraba. Era como una lámina de campo, que servía al gobernador de apoyo en sus meditaciones, recordando el pasado. Su primer discurso, plagado de errores y titubeos. Sus charlas en las mesas del comité. Los sablazos en la espalda dados por la policía brava peronista, en la calle 7 del centro de La Plata, o cuando aquella vez entró con sus caballos la guardia de los cosacos dentro del patio de la Universidad dando sablazos a diestra y siniestra. Su breve asilo en Montevideo para salvarse con su familia cuando la persecución de la tiranía, la violencia y la desaparición de personas eran cosa corriente en el final de la segunda presidencia de Perón. El bombardeo de la Plaza de Mayo. La caída sin gloria de Perón y su huida al Paraguay. La Junta Consultiva de políticos notables que creó el general Aramburu para encauzar al país en la democracia. Los contratos petroleros de Frondizi. La recorrida por los cuarteles para incitar a los militares a que derrocasen al gobierno.

Pero ahora tenía una cuota de poder como gobernador de la principal provincia argentina y algo lo envolvía desde que llegó a ese humilde y trabajador pueblo rural de Arroyo Mediano. Y después del poder ¿ que ?. La muerte y los fantasmas, el momento de pensar en Dios. El miedo al vacío total, la condenación o el esplendor, la martirización total de renacer una y otra vez como postulan las religiones hindúes o la identificación final con el ser supremo inmediatamente después de esta vida, como postula el cristianismo. El Yo delante del El. La gloria. El juzgamiento sin trampas, sin recomendaciones, sin fiscales a favor ni jueces que aplican las leyes cuidadosamente según sea el reo juzgado. Ese lugar en que la astucia política es negativa en vez de positiva y el ser se arrastra como en un lodo que martiriza con solo repetir lo malo hecho y lo bueno que se dejó de hacer en la vida. ¿Que importará allá haber sido un buen padre de familia?. Algún valor ha de tener. Lo tirarán en uno de los platillos de la balanza y con solo colocar en el otro aquella vez que en la Legislatura votó ese asunto poco claro, se acabó el equilibrio. Bueno, no hay que desesperar, porque está el perdón y la penitencia, la clemencia divina. ¿Pero no será que el infierno o el Purgatorio están aquí, en la Tierra y ésta es la oportunidad última que nos dan?. - No te engañes, gobernador - sale esa voz del fondo de la conciencia - la prueba está aquí, en esta cochina vida está la oportunidad. Allá, detrás del telón, ya todo está jugado y es irreversible. No podrás llorar porque las lágrimas no existen. Ni arrodillarte y pedir perdón. No hay truco posible, ni te admitirán que te confieses para sentir el alivio de la absolución. No podrás, gobernador, recurrir al jueguito de hacerte el olvidadizo, pecar y después confesarte y comulgar con devoción, para que la gente te vea en misa con cristiana devoción y sumes votos para el domingo. Para aquél entonces, estarás envuelto en perfección y verás por primera vez tu alma reflejada en un espejo purísimo, que no deja escapar detalle. Tenía razón Discépolo cuando en su tango decía: "dale no más, dale que va, que ayá en el horno se vamo a encontrar". En la lejanía el caballo que pastaba dulcemente, actuaba como apoyo visual de las reflexiones íntimas e importantes de la vida.

Pero no estaba solo el gobernador. El ambiente se cargaba de nerviosidad y expectación, porque lo veía mirando al horizonte donde estaba el caballo, como si estuviese ajeno a la inauguración y un vientecillo con olor a tierra mojada comenzaba a llegar desde el horizonte verde de los sembrados maravillosos. El sol ya se había ocultado tras las nubes de tormenta y el frente de tormenta avanzaba visiblemente. El gobernador impertérrito y la tormenta sobre le pueblo. Arriba pasaba algo y abajo también. Un trueno bastante cercano precedido del relámpago, hizo volver muchas cabezas hacia el horizonte. El chaparrón despúes de tantos días de calor por el "veranillo de San Juan", tenía visos de venir fuerte. El viento aumentaba en velocidad y las nubes grises se enroscaban unas sobre otras, casi sobre el techo de la central eléctrica.

El gobernador salió de sus cavilaciones íntimas y como despertando, asumió su responsabilidad. Tenía que hablar en público, pero de pronto, todo fue claro. Con su bufete de abogado podía vivir decentemente el resto de sus días. Sus hijos eran grandes y no pasaría nada. Sí, se dijo a sí mismo, este es el momento. Ahora o nunca. Recordó aquella locución latina "Alea jacta est", atribuida a Cesar cuando se preparaba para atravesar el río Rubicón: "Está echada la suerte". Dio un paso al frente y tomó el micrófono sin dejar de mirar al caballo que pastaba y que ahora, presintiendo el chaparrón, comenzó a retirarse hacia los corrales. El gobernador sintió que una felicidad infinita, indescriptible, lo embargaba por completo. Algo intangible que lo mecía dulcemente, que lo rodeaba como una bella música que parecía provenir de un órgano que emitía sonidos desconocidos que se compaginaban armoniosamente. Sintió que de su alma caían al vacío absoluto los cargos de conciencia, uno tras otro. El viento de la tormenta le acariciaba sus sienes canosas y lo obligaba a mirar en la dirección que venía. Y comenzó su discurso.

- Señoras y Señores. He venido hasta aquí para hablar de mi gobierno y de la obra de nuestro partido. He venido a mostrarles que esta inauguración es parte de un programa que revela nuestra preocupación por hacerlos felices a todos. Absolutamente a todos. Pero en el desarrollo de este acto he visto a un pueblo sencillo compuesto por gente de buena fe, honesta, honrada, y he decidido dejar de lado el discurso preparado por mis asesores. No diré la pieza oratoria cuidadosamente ensamblada con otras que pronuncié durante la semana en diversos pueblos. Voy a improvisar impulsado por una fuerza inesperada que me ha poseído ahora y que no puedo frenar. No es un asunto reciente el que les voy a relatar y hay un proceso de maduración anterior. Meses. Tal vez años. Se trata de algo decantado lentamente y que hoy, en Arroyo Mediano, bruscamente afloró en mí. Les pido lo reciban como el humilde homenaje de este político maduro, de este argentino que no quiere dejar de ser frente a ustedes, la imagen de su alma. Es mi último discurso como político, estoy seguro.

Una ráfaga de viento arremolinaba la tierra seca por el calor y el miedo a una mojadura inquietaba a más de uno de los presentes. Se advertía en sus rostros. Algunos percibieron en las primeras palabras del gobernador algo intranquilizador. Se lo sabía un ducho orador, pero a una semana antes de las elecciones decir que era su último discurso, no se entendía bien. Era un hombre con carrera por delante, ya que la gobernación de la provincia más importante del país, es una buena carta de presentación para la lucha interna por la candidatura a la presidencia de la nación. El gobernador siguió con tono seguro de voz:

- *Les voy a contar, amigos de Arroyo Mediano, cuales son las etapas en la vida de un político. No se extrañen, no estoy fuera de tema. Se preguntarán que tiene que ver la inauguración de una chimenea a una semana de las elecciones con que les cuente la vida de un político. Pero ya verán. Yo he sido político desde muy joven y he programado mi carrera para alcanzar, tal vez algún día, la presidencia de la nación. He inaugurado muchas cosas en mi carrera, no solo chimeneas, sino también cosas insólitas y cosas totalmente inútiles, que solo ocasionaron pérdidas de dinero. Ya he olvidado la cuenta de las piedras fundacionales que he puesto o que he visto poner, de obras que jamás de concluyeron. He descubierto bustos de próceres y también de personajes oscuros y discutidos. He cantado el himno nacional muchas veces. Centenares de veces me vi frente a multitudes que me escuchaban atentamente, que me escuchaban con fe, con esperanza. Ustedes son de esa especie. La chimenea pondrá fin a una obra que permitirá terminar con los apagones y los cortes de corriente. Esa es vuestra esperanza. La mía, que esta inauguración les cause una buena impresión porque el domingo próximo son las elecciones y como ustedes saben, los políticos dependemos de ellas. La vida de un político tiene un objetivo que es tomar el poder y comprende tres etapas : la iniciación, la revelación y el objetivo.*

- *La primera es la más dura, llena de idealismo y comienza en el sucio comité de barrio, al que ayudamos a sostener sustrayendo unos pesos de nuestro sueldo, el que ganamos por lo regular en un puesto público al que poco aportamos. Aquí nace, aquí está el origen de todo lo que sigue, El que acude a un comité tiene un poco de dogmático y bastante de desesperado. Quiere algo mejor para su país, pero también busca su solución, la solución para una vida mejor, el salir de la mediocridad. En el comité encuentra a muchos audaces y a muchos haraganes. En ese clima se va formando y sin percibirlo al principio, también se va degradando el idealismo. La segunda etapa es la revelación, donde uno descubre la realidad del poder. En ese período el político alcanza ciertas ventajas. Les describiré una, con la cual Ustedes podrán apreciar las restantes. Los políticos viajan cada vez más y el pueblo no conoce como son esos viajes, por lo que los voy a contar uno de tantos. En la sala VIP de Ezeiza uno se embarca en primera clase de Aerolíneas Argentinas y el comisario de abordo le ofrece una copa de champagne, bajo atenta sonrisa de las azafatas, que están advertidas de nuestra importancia y nos dan un trato de privilegio, con relación a los otros pasajeros que pagaron su pasaje, no como nosotros, que Ustedes pagan nuestro viaje. En el tramo Buenos Aires-Río tomamos la merienda en vajilla de fina porcelana y cucharillas de plata, té ó café a elección, con masas frescas y facturas dulces, todo aderezado por las eternas sonrisas de las azafatas. Luego de la escala en Río, un cóctel con bocadillos o un trago largo, música suave, revistas modernas. Enseguida la cena a todo lujo, con cubiertos y vajilla que no tenemos en nuestras casas, finas copas de cristal, vinos de renombre, platos fríos o calientes a elección, postres variados, cigarros, cognac y después a disfrutar de la película. Antes de dormirnos, nos alcanzan una manta de abrigo y las zapatillas suaves para no dormir con los zapatos puertos. La butaca se inclina mucho más que las de más atrás, en la clase turista. A la mañana nos despiertan con música suave, un buen desayuno y luego aterrizamos en Barajas, Madrid. Salimos por una puerta de privilegio y nos recibe personal de la embajada, que se ha ocupado de todos los trámites. Nada de colas para sellar el pasaporte, que por supuesto es diplomático aunque no lo seamos. Nada de esperas para retirar el equipaje, nada de trámites molestos. Todo simple y lineal. Salimos como por un tubo unos tres cuartos de hora antes que los restantes pasajeros y nos ubican en un Mercedes Benz de los grandes y las maletas van por otra vía. Entramos a la ciudad por el Paseo de la Castellana, para ver una vez más la Fuente de la Cibeles y El Prado y llegamos a un hotel de cinco estrellas, casi seguro uno de la cadena Meliá. Lacayos en la puerta, lacayos por allí y por acá. En la suite que nos han reservado, por lo regular por cuenta de una empresa multinacional que nos quiere agasajar y particularmente, que nuestras esposas queden encantadas y hablen bien de la misma, a modo de gentil atención nos espera una botella de champagne bien helado. Un administrativo de la embajada nos deja una coqueta carpeta con un programa de trabajo y diversos documentos. Lo de programa de trabajo es una forma de decir, porque bien sabemos que en esos viajes se trabaja bastante poco.*

- Así comienza la acción de bien con la que vamos a beneficiar a nuestros compatriotas, visitando a funcionarios que nos reciben por cortesía un momentito no más, dado que están muy atareados con una agenda muy sobrecargada. Asistimos a reuniones en que se habla de asuntos que no conocemos ni entendemos en lo más mínimo y que ya están arreglados de ante-

mano, en combinaciones diplomáticas o de empresas que tienen intereses en nuestro país. Nosotros vamos solamente a poner la cara en los informativos filmados y también a contestar llamados por teléfono que nos hacen desde Buenos Aires, los periodistas que tienen esos programas matutinos en que se habla de los temas del día. Al fin firmamos un largo y tedioso documento que apenas hemos leído y que, en verdad, no nos interesa porque jamás vamos a entenderlo. Son asuntos muy técnicos y Ustedes saben, queridos amigos de Arroye Mediano, que nosotros los políticos, somos unos ignorantes en lo técnico y en lo económico. En los momentos que pasamos por el hotel, nuestras esposas nos preguntan cuando terminarán de fastidiarnos con esos asuntos oficiales y pueden salir con nosotros para hacer compras en El Corte Inglés, porque una amiga les contó todo lo que hay a buen precio. Por lo regular, las empresas interesadas en la firma del documento que firmamos han preparado un atrayente programa cultural para que las esposas no se queden solas en los hoteles, con obsequios, agasajos, visitas a museos y lugares históricos.

- Finalmente se firma el documento con un acto formal en la embajada, seguido de una recepción que ofrece el embajador para que asistan nuestras esposas, donde nos muestran la sede de la representación diplomática y podemos ver como viven los diplomáticos. Allí comienza la parte linda del viaje. Un empleado de la embajada argentina nos pregunta si regresamos enseguida o nos cambian la fecha de regreso en los pasajes, porque ya que estamos en Europa, la empresa tal o cual desea tener una atención con nosotros y podemos hacer algún circuito turístico con gastos a su cargo. Comienzan las juergas y francachelas. Los mejores espectáculos, los paseos y buenos regalos para nuestras mujeres. En esos periplos, que casualidad, nos encontramos con políticos argentinos que fueron a firmar en otro país asuntos semejantes o fueron a estudiar algún asunto técnico para ver si conviene instalarlo en nuestro país y verificar como funciona el equipo que habría que comprar a la empresa que los invitó a viajar. También casualmente, es frecuente tropezarse con algún sindicalista que anda por allí, trabajando para sus compañeros, en hoteles y casas de comida muy propias de un modesto trabajador.

El operador de Radio Nacional, lívido, interroga con la mirada al Jefe del Ceremonial, para saber que hacer frente a esto que está ocurriendo. Recibe como respuesta un gesto con los dedos, como de tijera que corta y la transmisión con la red nacional se suspende "por un inconveniente técnico, las emisoras continúan con sus respectivos programas" como dice sobriamente el mensaje a la población. Solo queda funcionando la red local en la central. El gobernador, sumido totalmente en lo suyo, reflexiona algo e impertérrito continúa con más brío:

- Así es la vida, buena gente de Arroyo Mediano. Y así es la vida en la política. Pero tenía que contarles algo sobre la tercera etapa de la vida de un político, que es la toma del poder o de una fracción del mismo. Los más audaces e inilustrados, forzando a codazos las posiciones, se hacen incluir en una lista sábana para un cargo electivo, por lo regular, cuidando de que la susodicha lista la encabece alguna figura de prestigio y así salen diputados u otra cosa por el estilo. Luego, con absoluta desfachatez, dicen que son los legítimos representantes del pueblo, cuando el pobre pueblo de esta maniobra, sabe poco y nada. Así reciben su diploma, momento a partir del cual van al Parlamente algunas veces cuando no tienen otra cosa que hacer o para tomar café, gozando por ello de una jubilación de privilegio, que se acumulará a otra obtenida por parecidos medios.

El Jefe del Ceremonial piensa como salir de este embrollo. Evidentemente, el gobernador se ha vuelto loco de repente. Pero sigue hablando y la gentes comienzan a mirarse entre sí y asentir con la cabeza sobre lo que dice. El caudillo del pueblo le hace señas desesperadas al operador de Radio Nacional y también se descompone la red de altavoces del acto. Sin embargo, el gobernador desea concluir su arenga:

- Ya diputado, un grupo de correligionarios acompañados por un influyente y un hombre ducho en negocios inmobiliarios compra unos campos a precios irrisorios y me entusiasma. Yo también compro. No valen casi nada y se pagan fácil a plazos largos. Son tierras bajas y de poco valor. Pocos meses después de escriturar, se presenta en el Parlamento un proyecto de ley para hacer por allí un camino de dudosa utilidad que, casualmente, pasa por esas tierras y se vota la expropiación a precios siderales. Yo voto también y allí me doy cuenta. Los trato de todo y se ríen de mí al tiempo que me dicen: i pero amigazo, si Usted también está en el negocio !. Es tarde. He caído, es la revelación, es llegar a la médula de la política tal como es, sin la cual es imposible el asalto al poder final y total.

Como los altavoces ya no funcionan, son pocas las personas que escuchan esta última parte del discurso. El gobernador trata de cerrar con un pensamiento final:

- Querido pueblo de Arroyo Mediano. Miro desde aquí ese campo trabajado con honradez por los honrados, que nos produce las divisas necesarias para muchas cosas. Soy gobernador y esta mañana, al ver esa llanura verde y esos animales pastando, se desencadenó en mí algo mejor, algo interior, como una luz purísima que me iluminó con la verdad. Por eso no les conté el

discurso que tenía preparado y hablé con total sinceridad, como no debe hacerlo nunca un político. Porque en este momento, he dejado de ser un político. Podría haber seguido en la carrera, me gestionaría un cargo figurativo en el exterior y la vida estaría hecha. Pero preferí contarles coloquialmente todo esto.

Del cielo caen las primeras gotas gruesas y poco después llueve copiosamente. La gente se dispersa murmurando y tratando de no mojarse. El motor diesel de la centra eléctrica se detiene, justo a los veinte minutos de haberse puesto en marcha. La chimenea no se caerá. El gobernador sale del palco sin saludar a nadie y nadie se molesta en saludarlo, porque ya no es útil para nada. Se dirige al auto. El chofer le pregunta:

- ¿A donde doctor?

El gobernador responde con el rostro iluminado:

- Vuelvo a casa, Alberto.

UNA EMPRESA PRIVADA AL SERVICIO DEL PAIS

Escenas de la primera época de la empresa

El doctor González Oredut oprime el cuarto botón de su escritorio. Por el intercomunicador, la voz gangosa de su secretaria dice, con esa mala gana tan característica de los empleados públicos :
- Siiiiii , doctor...
- Que me preparen el auto. Ya me voy. Si habla mi esposa, que fui a ver al ministro.

Se sacó los anteojos y se pasó la mano por la cara con el movimiento instintivo de quien está verdaderamente cansado. Salvo un breve intervalo al medio día para comer algo, había trabajado todo el día, concentrado en lo suyo. Eran las 7 de la tarde. No concedió audiencias. Pensó que como todas los días, debiera haber salido un rato a eso de las 4 para dar una vueltita por la calle Florida, tomar un café, leer las últimas noticias en las carteleras de La Nación, entrar en las galerías modernas y despejarse para después seguir su trabajo en la oficina que le habían asignado en el Banco Central. Al llegar esa mañana al despacho, había ordenado que solo atendería por teléfono a su señora, al presidente del banco, o al ministro amigo. Aunque el ministro nunca lo había requerido y, tal vez, nunca lo haría. Siempre se tenía que entender con uno de los asesores de gabinete. El día que lo llamase sería para avisarle con sobriedad y después de hacerle un largo elogio, que había sido aceptada la renuncia a su cargo de subsecretario de estado, renuncia que había entregado el día que lo pusieron en posesión de sus funciones. Hoy estaba realmente cansado, pero feliz. Había terminado el borrador de ese decreto tan importante. Mientras en los corredores se oían los pasos presurosos de los empleados que se retiraban y el silencio ganaba poco a poco al edificio, nuestro personaje era invadido por los recuerdos. Años atrás, en rueda de economistas jóvenes explicaba sus teorías sobre importaciones rigurosamente controladas y el endeudamiento del país. Lo seguían algunos teóricos amigos y se lo discutían sus alumnos en la cátedra en que era Profesor Adjunto en la

Universidad de Buenos Aires. En el viejo comité del barrio nadie entendía bien lo que explicaba, porque estaban en asuntos más simples, al compás del puntero y los caudillos carismáticos. Pero en la última elección interna había tomado la manija un caudillo astuto que lo conocía y alguien se acordó de él. Los recuerdos felices pasaban por su memoria. Aquella noche que el caudillo lo llamó a su casa y le dijo:

- Correligionario: necesitamos un hombre que entienda de importaciones, un hombre probado en nuestras luchas. Mañana hablaré con el presidente electo y lo recomendaré.

Al día siguiente lo llamó el presidente del Banco Central y le ofreció la Subsecretaría de Importaciones Controladas. Tal vez, algún correligionario importante se había percatado de su seriedad y competencia. El partido hacía muchos años que no tomaba el poder y la masa de adictos que había padecido esperando un empleo público, era grande. Pero había muchos postulantes a cargos de inspectores municipales, que como todos sabemos, permiten ganar unos pesitos haciendo la vista gorda al visitar los comercios del Once, o los puestos de las ferias francas. Pero en su partido, el doctor González Oredut era tal vez la única persona que sabía algo de importaciones, como se llena la documentación para importar algo y en la plataforma del partido se había prometido actuar con mano dura contra los importadores liberales y anular los contratos petroleros. Pero ahora todo se terminaría. Tomó en sus manos las quince carillas del borrador de decreto que terminaba de redactar y sonrió. Se acabó la importación de cosas que en el país se pueden fabricar y así abrir más fábricas y dar más trabajo a más gente. Era hora de poner rígidos permisos de importación, para desalentar la traída al país de artículos suntuarios y aumentar artificialmente los precios. Se cierra la importación de cosas inútiles que se usan para sacar dinero del país y depositarlo en el exterior. Se terminó el reinado del dólar. Se terminó la especulación. Esos buitres. Porque son unos buitres.

De pronto se dio cuenta que estaba hablando solo en alta voz. El decreto, su decreto, el freno para los enemigos del pueblo. Algún día formaría una Junta Coordinadora en su partido, para socializar un poco la vieja estructura que había sido creada a principios de siglo para combatir a la oligarquía vacuna y los conservadores. El obstáculo era el viejo caudillo de La Plata, el "payador" como se lo llamaba, que no se llevaba del todo bien con el presidente y entorpecía todo. El viejo caudillo que no se había postulado para la presidencia, en la suposición de que se perdían las elecciones. Y la cosa salió al revés. Pero volviendo las ideas hacia el Decreto, todo quedaría bajo control en quince carillas. El doctor González Oredut imaginaba la cara de los importadores tradicionales, con sus calvas lustrosas, que muchas veces veía cuando se atendían en la vieja peluquería Mónaco de la calle Florida, junto a La Nación. Esos burgueses que se hacían fomentos y cultura del cabello. Los oficiales peluqueros los llamaban respetuosamente "doctor" y preguntaban que pasaría con los "verdes", refiriéndose a los dólares. Las manicuras trataban de simpatizar por las suculentas propinas, mientras les limaban las uñas y simultáneamente el lustrabotas sacaba brillo a su calzado. Esos buitres que desde abajo del fomento que les tapaba la cara contaban que habían vendido un campo y los ladrones de Impositiva le habían aplicado lucrativas y le habían disminuido la ganancia. González Oredut les hubiese gritado i con que derecho ganás miles de dólares importando, ladrón del pueblo, que ni siquiera tenés el pudor de ir al puerto a ver la forma que tiene lo que importás !. Para colmo, esos buitres depositan luego sus ganancias en el exterior, en una cuenta fácil de abrir y fácil de operar desde aquí, haciendo tramoyas con las facturaciones al consignar valores falsos, para efectuar giros al exterior por valores mucho mayores que los montos de lo importado. Pero ahora estaba el decreto, su decreto. Un control completo y total de las importaciones y del cambio. Se terminarían los vampiros de microcentro, las "cuevas" en donde se cambia dinero, los "arbolitos" de Corrientes y San Martín, los arreglos de los despachantes de aduana, esos ladrones con matrícula.

Cerró la carpeta y guardó el borrador del decreto en un armario con llave, colocándola en el bolsillo. Apagó las luces y salió hacia los ascensores. Bajó solo a la cochera, casi todo el personal se había retirado. El chofer que lo esperaba le dijo:
- ¿Lo llevo a su casa, doctor?.
- No Rodríguez. Quiero manejar un poco para despejarme. Hasta mañana.
Y se sentó en el coche oficial, poniéndolo en marcha. Salió de la cochera y tomó Leandro N. Alem para luego girar enfrente de la Plaza Colón, junto a la Casa Rosada, y retomar la avenida Leandro N.Alem en dirección a Retiro. Se acercó a la vereda disminuyendo velocidad al llegar al Hotel Sheraton, y abrió la puerta del costado derecho para que pudiera subir una chica morena, hermosa, joven, que llevaba en el brazo doblado, el delantal blanco típico de una empleada de oficina.
- Hola amor - dijo la chica.
- Hola nenita - respondió el doctor González Oredut. Se besaron suavemente y él aceleró doblando a la derecha para alcanzar la avenida Antártida Argentina.
- ¿Como estás? - preguntó la chica, acomodándose y dejando sus cosas en el asiento de atrás. Se subió las medias ajustándose el portaliga y encendió la radio del coche. Un comentarista decía justo en ese momento: "...... itica suscita la conducción económica". González Oredut, de un manotazo,

corrió la perilla de sintonía, buscando otra emisora más a su gusto. La chica comenta, al verlo hacer esto:

- ¡Que nervioso estás, amor!.

- No estoy nervioso, sino que me revientan esos comentaristas venenosos que se la toman con el equipo económico del gobierno, porque les hace cosquillas. Nos llaman tortugas, pero ya van a ver dentro de pocos días como corremos. Vos sabes que yo soy el cerebro de todo esto, así que me fastidia la crítica impertinente.

La chica trata de calmarlo:

- Bueno, no te amargues y hablemos de nosotros. Contame ¿que hiciste hoy?.

- Lo de siempre, trabajar como un enano, mientras los otros subsecretarios y los ministros se la pasan tomando café en el Congreso y haciendo planes para anular los contratos petroleros que hizo Frondizi. Pero preparé un borrador de decreto que va a producir revuelo y voy a pasar a primer plano.

La chica lo miró y dijo:

- Pero amor, estás dejando la vida, abandonando tu cátedra. ¿a donde querés llegar, a enfermarte?.

González Oredut, más calmo, prosigue el tema:

- Vos sabes muy bien que hace quince años que elaboro una política de cambios e importaciones para terminar con los que se hacen ricos sin trabajar ni producir nada útil. Pero ahora estoy a punto de cristalizar la solución final, como decía Hitler.

- ¿Y el Directorio del Banco Central, te apoya?. ¿Que piensa el ministro?.

- Mira, nenita, dicho entre nosotros, ninguno entiende una pepa de nada. Son simples políticos, astutos conocedores del juego sucio del comité. Cuando les citás una cifra, una estadística, los dejás pagando y te la siguen con frases genéricas, de barricada, sin valor práctico. Te hablan de la justicia social, de la dignidad del trabajador, del caudal electoral, pero eso sí, siempre ponen cara de entendidos.

- Para eso estás vos, amorcito, que sabes de todo. Y pasando a otra cosa, hoy me compré una trusa negra de tejido elástico que me costó más cara que la anterior. La otra era más barata y mejor, me ceñía más, me daba una forma más presentable. Estando tantas horas sentada en la oficina, éstas que venden ahora me resultan incómodas. Como está empeorando la industria argentina. La vida está imposible de cara, sube todos los días.

- Ves, nenita, todo termina en la economía. El precio subió y la calidad bajó.

- Bueno, pero ésta tiene un voladito todo alrededor que es muy mono y como es de tiro corto, como se empieza a usar ahora, me deja la pancita al descubierto, y tal vez te guste más.

- Quisiera verla, para opinar.
- ¡Atrevido!.
La chica completó el diálogo rápido, con ojos pícaros.

El coche se internó en el antepuerto y llegó al Aeroparque, estacionado en un paraje oscuro, propicio para conversar con tranquilidad. Una hilera de autos con las luces de posición encendidas, sigilosas, detenidas. La gente que estaciona es prolija, piensa González Oredut en silencio, como distante y su compañera lo observa. Esa salida es una expansión semanal y por lo regular, es muy conversador. Ella le dice:
- Me gusta este lugar, porque aquí viene la gente que se quiere.

El sonríe y enciende la radio suave. El coloquio amoroso, los brazos serpenteantes, el beso apasionado, la mano que con precisión recorre la fibra sintética tan criticada antes. Y no obstante, González Oredut sigue pensando en el decreto y recuerda los considerandos. Una mano suave, de uñas pintadas a la moda actuaba atrevida y retrocedía tímidamente al llegar al objetivo. Y no obstante, González Oredut sigue pensando en el decreto. No se lo puede sacar de la cabeza. Ordena las ideas para mejorar los considerandos. Habría que encontrar una forma mejor de acorralar a los despachantes de aduana. Pero era imposible resistirse. O el decreto o esa boquita pintada por L'Oreal, con sabor a chicle, con inocencia perdida, con fronteras religiosas derrumbadas, con consejos maternos olvidados, con la educación de las monjas que se ha extraviado. Los labios comenzaron a ganarle la batalla al decreto y para González Oredut la importancia de todo abandonó el cerebro y descendió. Por fin la normalidad. Su cerebro quedó como vacío, con poca irrigación, pero un pensamiento volador que vaya a saberse de donde vino le hizo recapacitar cambiando el campo del asunto. ¿Y la transmisión de los caracteres por la herencia?. Los cromosomas y el ácido nucleico son muy importantes. Las leyes de la probabilidad en la transmisión de los genes daban la herencia. Los elementos que llevan toda la información y las cualidades. El citoplasma. Los ensayos de Aldous Huxley con los razonamientos de la obra "Un mundo feliz". ¿A donde iría a parar la humanidad si en el laboratorio y por medio de la ingeniería genética se avanzara más y más? Como sería el mundo si las mujeres pudiesen ir a la farmacia a comprar lo necesario para propagar la especie. Que confusión si hubiese frasquitos para poder elegir y así decidir las cualidades de los hijos. Habría mujeres que al vendedor de la farmacia le dirían: "a mí, deme uno de ojos celestes, pero no de esa marca de la vez pasada, que salió de mala calidad". Como podría encauzar la Iglesia este desbarajuste. Tal vez con un nuevo Concilio. La tesis de Darwin con sus estudios en las islas Galápagos y la historia de Adán y Eva. Un callejón sin salida. No, sin salida no puede ser, sería horroroso, debe haber una salida. La esencia religiosa no puede estar equivocada. Materia, espíritu, esencia, explicación, divinidad, santidad, clero, excomunión. Y sobre esto está Dios jugando, como si todo y todos fuésemos piezas de un ajedrez fenomenal, con lo que nos muestra nuestra insignificancia y nuestro atraso, con la distancia sideral que nos separa de El. La verdad de los Misterios. La única salida es la Fe. Pero no ya aceptada tácitamente, porque sí, sino por la vía de la racionalidad, a través del camino de la ciencia, sin enfrentamientos con la verdad del laboratorio, porque esa verdad es Dios. Y la Iglesia no puede negar a Dios manifestado en la ciencia. La verdad de Darwin solo cambió el punto de partida, pero no la esencia misma del punto de partida, la esencia divina.... La chica le pregunta:

- ¿ En que están pensando amor ?. ¿ Que te pasa ?. Te noto como distante.
- Es el cansancio.

La respuesta de González Oredut es evasiva. Lo importante había abandonado el lugar donde estaba y había pasado nuevamente al cerebro. El torrente sanguíneo afloró hacia el cerebro para alimentar las células y empobreció el resto. González Oredut vio que su prestigio varonil decaía y se esforzó por prestarle atención a esa mujer que tenía a su lado, joven, hermosa y tal vez un poco enamorada. Sobre esto último no convenía razonar demasiado, ya que el empleo bien pago que le había conseguido en el Banco de la Nación Argentina le imponía una retribución en servicios, como muchas mujeres hacen. Tal vez ésta fuese diferente y ese afecto que mostraba fuese sincero. ¿Quien lo podía saber?. Solo el tiempo daría una respuesta final. Lo que más le fastidiaba de esta situación era que no disponía de un departamentito en el centro, de esos con entrada discreta para los encuentros amorosos, en vez de salir en el automóvil oficial, fácilmente reconocible o tener que caer finalmente en el hotel de la Panamericana, a la altura de la calle Pelliza para no tener que ir más lejos. Miró sus ojos profundos y tomando su cara entre sus manos, la besó con pasión. Un Caravelle de Aerolíneas Argentinas que debía aterrizar a las 16 horas proveniente de Mendoza pasó sobre los coches estacionados con parejas, aterrizando con viento norte, los flaps puestos, las turbinas a poca potencia ajustando posiciones. Las tres horas de atraso se debían, como había avisado la oficina de Aerolíneas Argentinas en Mendoza al "*mal tiempo en ruta, que aconsejaba demorar la salida a la espera de mejores condiciones meteorológicas*". Pero la verdad era otra. Uno de los pasajeros era un senador nacional opositor, ingeniero el hombre, que se demoró en una reunión con el gobernador, también opositor, por ese meneado asunto de la adjudicación de los trolebuses para la ciudad de Mendoza. El ingeniero representante de la compañía que resultaba mejor colocada en precios para ganar, estaba en Mendoza para acelerar los trámites, insinuando a los funcionarios para que anularan la licitación e hicieran una compra directa por medio de la disposición que autoriza la adjudicación anulando la licitación, cuando ninguno de los oferentes cumple determinadas condiciones. Desde la Casa de Gobierno de Mendoza habían llamado a la torre de control del aeropuerto de El Plumerillo para que demorase la salida del Caravelle hacia Buenos Aires a fin de que el senador nacional pudiera alcanzar esa misma noche, en la Capital Federal, poder hablar con las tres firmas oferentes que se habían presentado a la licitación y ver cual de ellas se colocaba en mejor posición. Se avecinaban las elecciones, el partido no tenía fondos suficientes para la campaña electoral y eran necesarios los aportes de las empresas para apoyar al partido. En ese momento, González Oredut besaba a la chica y el faro de Aeroparque hendía la noche con su luz verde al tiempo que un viejo DC6 entraba con los motores algo fuera de punto, produciendo explosiones aleatorias, como disparos, al final de la pista. Todo seguía normal. Los cristales del coche se empañaron y ya no se veía nada afuera. Adentro la intimidad.

Al día siguiente González Oredut llevó los chicos a la escuela y después se dirigió a su despacho. Puso sus cosas en orden y se decidió a seguir trabajando en el decreto. Lo perseguía una idea que se le había ocurrido al levantarse, mientras se afeitaba. Había que hacer un retoque para relacionar todo con el producto bruto per cápite. Desde que los bienes elaborados salían de manos del productor hasta que llegaban a manos de los trabajadores como salarios, el valor subía notoriamente. El capitalista, el intermediario, el especulador. Era lógico que el hombre común con su trabajo daba un producto per cápite que había que medirlo en pesos corrientes. Parte de ese producto se transformaba en divisas que servían para importar bienes durables de capital y productos de consumo, con los cuales hacer que siga funcionando el mecanismo de la producción para generar más producto bruto. A cambio, el hombre corriente recibiría un ingreso per cápite que no guardaba relación con lo que él producía. Alguien se quedaba con la diferencia. Había que ponerlo en evidencia en los considerandos del decreto. Su vista recorría el escritorio como buscando una solución cuando su visión tropezó con el diario de la mañana que no había tenido tiempo de leer en su casa. Lo tomó, primero miró la página de los chistes y luego se enteró como andan las cosas por Boca, su club predilecto. Pero la vista se detuvo bruscamente en una columna estrecha en donde se leía: *"Estudiaríase una reforma al régimen de importaciones en la subsecretaría del área. De fuente bien informada se supo que las autoridades están preparando un decreto para regular las importaciones, lo que motivó alarma en los medios industriales y comerciales. A la ya excesiva regulación y maraña de disposiciones, se sumaría ahora un agobio más que, por las características de la reforma que se está elaborando, sumaría una serie de trámites que limitan la libertad de comercio y encarecerían a los productos por la presión fiscal. A la larga nómina de circulares y reglamentaciones que se superponen unas a otras, el Poder Ejecutivo estaría por un firmar un decreto que virtualmente paralizaría la importación de insumos esenciales para la industria argentina. Estas limitaciones obligarían a los industriales a obtener las materias primas por otras vías, para eludir la larga lista de trámites, con lo que se fomentaría el contrabando y los negocios irregulares de los funcionarios intervinientes en este tipo de trámite para obtener la autorización en cada caso. A su vez, por ello, los precios de la mayor parte de los artículos manufacturados subiría, contribuyendo a la espiral inflacionaria".* González Oredut grita solo en su despacho con gran fuerza:

- ¡Espías!. ¡Malditos!. ¿Quien es el empleado infiel?. Así no se puede trabajar. Esto es el colmo.

Se levantó y fue hasta la ventana hecho una furia. Lo importante, que era el factor sorpresa, ahora perdía fuerza. Los quería tomar desprevenidos. Ahora los buitres estarán a la expectativa y habrán tomado medidas para hacer stok y especular. Además, no se van a quedar cortos. Mañana suben los precios.

Por el intercomunicador, la secretaria hace una pregunta:

- Doctor, un señor pide hablar con Usted en forma urgentísima por un asunto extraoficial, personal.

- Que entre.

Con la ofuscación, no advierte que debía preguntar más, antes de hacerlo pasar.

La secretaria entra acompañada por un señor joven de muy buena presencia, que se expresa con desenvoltura:

- Con permiso doctor. Soy el licenciado Chapultepec Fernández Hinojosa.

El recién llegado se expresaba con un claro acento mexicano.

- Vengo a visitarlo en nombre y por cuenta de EPASA, Empresa Privada Argentina Sociedad Anónima en formación. Deseo evitar un largo discurso porque sé que Usted es una persona sumamente ocupada y además, invitarlo a cenar a Usted con su esposa mañana por la noche en el Plaza Hotel, en el Salón Especial, para hacerle conocer una proposición con todo detalle. Le adelanto que conocemos largamente su prestigiosa carrera y trayectoria en la economía y hemos pensado que es necesario que esa acción se proyecte hacia el exterior. Nuestra empresa necesita un investigador académico de muy alto nivel y lo hemos seleccionado para esa importante misión. Aquí le traigo y se la dejo para su estudio, una carpeta con toda la historia de nuestra organización, impresa a seis colores, una especificación de lo que requerimos y un borrador de contrato con las condiciones en que Usted podría incorporarse a nuestro grupo empresario.

González Oredut, totalmente sorprendido y desconcertado ante esta insólita e inesperada propuesta, trata de ordenar sus pensamientos, tan distintos ahora a los de minutos antes. Solo atina a decir, un poco perturbado:

- Muy honrado, pero... es que yo soy aquí... .

El licenciado Chapultepec Fernández Hinojosa lo interrumpe son soltura y elegancia:

- Doctor: sabemos muy bien de su posición y de la trascendencia de su trabajo en el equipo de gobierno, pero nosotros le ofrecemos un honorario de diez mil dólares mensuales libres de todo descuento, depositables en una cuenta en el país que Usted nos indique, más todos los gastos de vivienda para Usted y su familia, como asimismo, los gastos de la educación de sus hijos en colegios del exterior y los seguros de salud para garantizar la atención médica necesaria para Usted y los suyos. A la finalización de sus estudios, en unos dos años, Usted recibiría una gratificación a modo de cierre de contrato de cien mil dólares. Además, publicaremos su trabajo en cuatro idiomas, para que recorra el mundo en todos los grandes centros universitarios. De la cuenta bancaria que abriremos para depositar sus honorarios mes a mes, Usted retirará lo necesario a voluntad o lo dejará cobrando sus intereses. Pondremos además personal de oficina a sus órdenes para las tareas habituales de dactilografía, y un auto con chofer para sus traslados. El contrato podría ser renovable, en caso de necesitar la empresa cubrir una posición en Buenos Aires, a su regreso.

González Oredut, visiblemente sorprendido y confundido solo atina a decir:

- Esto me toma por sorpresa, no sé que decir, en fin, bueno... ¿que cargo tendría en la empresa?.

El licenciado responde sin titubear:

- No es una empleo en relación de dependencia. Es una función de asesoramiento como profesional libre a muy alto nivel internacional. Naturalmente, Usted debiera viajar inmediatamente para recoger información cuanto antes, en los principales centros europeos de comercio internacional, a fin de estudiar los diferentes regímenes de importación. Nuestros agentes en el exterior le facilitarán la tarea y sus movimientos y entrevistas. Se firmaría el contrato aquí, en Argentina, antes de presentar la renuncia al cargo que desempeña, para garantizarle la limpieza del procedimiento.

González Oredut, bastante perturbado, solo atina a decir en forma entrecortada:

- Bueno... ,este..., hoy me levanté pensando en cosas bien diferentes,..., ahora me acuerdo de mi cátedra en la Universidad...,

El licenciado, rápidamente, resuelve:

- Doctor, el Estatuto Universitario de la Universidad de Buenos Aires es muy generoso, y está redactado para favorecer el desarrollo personal de los profesores y su perfeccionamiento. Usted puede solicitar hacer uso del año sabático y luego hasta un año más de licencia sin goce de haberes, que le permiten conservar el cargo hasta su regreso. Por otra parte, su curriculum se incrementará substancialmente, ya que trataríamos que su tesis le fuera reconocida por alguna universidad del exterior, obteniendo su doctorado. Usted es Contador Público Nacional y sabemos que por una acordada del Consejo Profesional de Ciencias Económicas, tiene autorización para usar el título de Doctor, pero no me negará Usted que si obtiene un doctorado en un gran centro universitario europeo, eso da mucho más brillo que ese doctorado local otorgado por una resolución de sus pares del Consejo Profesional, sin haber cumplido los requisitos universitarios de aprobar cursos de alto nivel y de hacer una tesis doctoral. Por otro lado, es evidente que a su regreso, en cualquier concurso de oposición, Usted estará en notoria ventaja sobre sus competidores para cargos de profesor Titular o Asociado. Será una personalidad de renombre internacional y pasará al frente en lo que se proponga. No renuncie. Pida licencia. Nos interesa su posición en la Universidad. Nosotros ya hemos conversado con el rector sobre su estabilidad y él conversará con los cuerpos colegiados para lograr un acuerdo.

González Oredut no sale de su asombro, olvidándose del decreto y agrega con humildad:

- Bueno...,deme unas horas para pensarlo.

- Pero me permite: ¿de quien es esa empresa EPASA?.

El licenciado satisface rápidamente la consulta:

- Doctor. Nuestra empresa es una sociedad anónima y las acciones están en la calle, en el público, cotizan en bolsa. A nuestro director General usted lo conocerá mañana en la cena del Plaza Hotel, a donde irá con su esposa también, lo mismo que yo. En ese momento, mas distendidos, abordaremos numerosos detalles y responderemos sus consultas.

González Oredut trata de saber algo mas:

- ¿Pero a que se dedican?. -

- Asesoramientos a muy alto nivel empresario sobre inversiones y representaciones para un grupo de más de cien empresas dispersas por todo el mundo.

- ¿Cuales son?.

La indagación recibe rápida respuesta:

- Doctor. Cuando pase el tiempo y Usted penetre en nuestro grupo tendrá acceso a información que por ahora es reserva. Usted debe comprender. Es economista.

- ¿ Y cuando debo responder ?.

- En no más de cinco días hábiles, porque hay más candidatos esperando, dos de su partido y uno de la oposición.

- Doctor, si se decide, aquí está mi tarjeta.
Saluda respetuosamente y se retira.

Escenas de la segunda época de la empresa

Suena la alarma de atentado terrorista en el gran edificio público donde funciona la Dirección General de Nuestros Ferrocarriles, simultáneamente con las sirenas de la Policía Federal y la de bomberos en la calle. Los empleados salen presurosos del edificio por las escaleras y la policía desvía el tránsito en las calles del contorno. Es una de las tantas alarmas de bomba que se reciben casi diariamente por teléfono en las oficinas públicas y de empresas privadas, junto con las consabidas amenazas de moda.

Los empleados se agolpan en las cercanías del edificio a la espera de instrucciones del personal de seguridad, para saber si pueden volver a ingresar para proseguir sus tareas. Pocos minutos después se oye una fuerte explosión que hace temblar el edifico y sus inmediaciones, provocando una lluvia de vidrios rotos en casi toda la manzana. La bomba existió. La brigada de explosivos la localizó y la hizo detonar. La gente que transita por la calle le pregunta que pasa a los empleados que salieron de sus oficinas y están agolpados y en esos diálogos breves de la circunstancia, las frases más escuchadas son: ¡que esperan los militares para terminar con todo esto! ; ¡es una vergüenza, no hay autoridad! ; ¡hasta cuando vamos a seguir así; llevamos más de diez años soportando esto! ; ¡queremos paz y tranquilidad! La gente transita con miedo por la calle y ante cualquier bulto sospechoso, se alarma porque puede ser una trampa mortal para un inocente ajeno a todo esto.

Una hora después, cuando concluyó la alarma, lentamente, comentando, el personal entra al edificio y se reanuda el trabajo. El Director de Ferrocarriles llama con el timbre a su secretario. Este entra presuroso y casi cuadrándose militarmente dice:
- ¿Llamaba Señor?
- Sí. Traeme el expediente del helicóptero.
- Comprendido. Enseguida Señor.
Pocos minutos después regresa y pidiendo permiso informa:
- Señor. Al expediente lo han girado al Ministerio.
- ¡Pero ché! . ¿Quien lo mandó y me dejó al garete?.
- El Señor Subsecretario, Señor.
- Este civil no va a parar hasta que lo tengamos que cambiar por un militar retirado para que las cosas caminen. Un capitán de navío de mi promoción que sería ideal para ese cargo.

El suboficial secretario no dice nada, porque no puede opinar sobre un superior. El jefe, haciendo una pausa para pensar agrega.

- ¿Y como anda la compra del grabador para mi despacho?.
- Lo giramos al Departamento de Suministros, Señor.

El Director de Ferrocarriles sigue dando órdenes.

- Buscame el expediente y me lo traés. ¡Que balurdo con esta administración!. Allí también habría que poner un furrier como el que yo tenía en Puerto Belgrano.

El secretario pide permiso para retirarse a buscar el expediente, al tiempo que el Director sale a la puerta de la oficina y le grita al secretario en el pasillo.

- ¡Rápido, che, que con estos asuntos me tienen de una banda a otra!.

Mientras piensa en alta voz.

- Tengo miedo que el Ministro me quiera fondear el expediente del helicóptero, pero si me lo traba, iré a ver al almirante y lo voy a dejar haciendo agua con un buraco debajo de la línea de flotación. ¡Que sabrá este abogado de logística, nada menos que un civilaco!.

En la oficina respectiva, el secretario habla con el Director de Suministros, el que le informa.

- El expediente del grabador se lo remití al ministro, junto con el expediente del helicóptero. Así, entre nosotros, parece que se avecina tormenta.

Ante la mirada inquisitiva del secretario, el Director explícita mejor.

- Con Usted que es un viejo camarada de armas, que compartimos tantas horas en el portaaviones, podemos hablar con franqueza. Están buscando la forma de sacarse de encima a su jefe.

El secretario, sorprendido y pensativo responde.

- Pero es un capitán de navío antiguo, impuesto por la Marina.
- Pero se le ha destapado un asunto feo de cuando estuvo en la Comisión Naval en Europa, el fato de la compra de un radar.
- Teniendo en cuenta el estado calamitoso de los ferrocarriles, poniéndose la mano en el corazón, no es posible hacerle un cargo de nada a nadie.
- No es ese el asunto. Todos los militares que todavía quedan aquí, del gobierno anterior a 1973, van a ser liquidados. Es un asunto político, una orden de la señora presidenta. Hay que acomodar a sindicalistas, políticos del partido y sobretodo a los activistas de las formaciones especiales para combatir a la guerrilla que se ha instalado.

El secretario sale del despacho sospechando que es él mismo el que está trabando la cosa para decidir la compra del helicóptero y cobrar la comisión de rigor y no el ministro. En el despacho, el Director de Suministros al salir el secretario comenta con su ayudante.

- Ahora este subordinado fiel le dirá a su jefe lo que le conté y se arma una trifulca de aquellas. Todo va sobre rieles.

El ayudante comenta.

- El Director de Ferrocarriles dice que es ingeniero, así que debe saber algo de todo este asunto de los trenes.

- No. Es un capitán de navío del cuerpo de ingenieros, que es otra cosa bien diferente. Jamás pasó por una universidad y ni tiene la más pálida idea de la ingeniería en serio y de lo que es estudiar seis años para lograrlo. Yo hice el servicio militar en la Armada y me acuerdo que a todos los oficiales que se ocupan de las cosas técnicas, haciendo funcionar las máquinas los llaman "grifos", pero a ellos les agrada que los llamen ingenieros. Tienen el trauma del título universitario, para que al pedir el retiro puedan ir a trabajar en algo.

Mientras esto pasaba en la oficina del Director de Suministros, en el despacho del Director de Ferrocarriles, un licenciado de acento mexicano, le ofrecía al militar responsable hacer unos importantes estudios en el exterior a nivel internacional, sobre el tema de los transportes navales y los puertos.

Escenas de la tercera época de la empresa

En el despacho del Coordinador de Energía, con rango de Secretario de Estado a los efectos de la jubilación de privilegio y reteniendo el cargo rentado de Asesor de la Comisión de Energía de la Honorable Cámara de Diputados, el secretario privado le anuncia que el Secretario de Electricidad desea hablarle en forma urgentísima. Lo hacen pasar inmediatamente.

- ¿Que le pasa ingeniero? - dice el Coordinador de Energía.

- Vea doctor, tengo una noticia buena para mí, pero que será sorpresiva para Usted. Espero que comprenda.

- Bueno amigazo, no se achique y largue el rollo dice el Coordinador de Energía con notoria tonadita cordobesa de Río Cuarto.

- Una empresa privada me ha hecho un ofrecimiento... .

El Coordinador de Energía lo interrumpe.

- No diga más. ¡Lo han querido coimear!.

El Secretario de Electricidad explica mejor.

- No doctor, nada de eso. Me han ofrecido un empleo en el exterior, muy bien pago, para hacer un importante estudio de investigación.

El Coordinador de Energía, algo molesto agrega.

- Pero es imposible que Usted nos deje. Ahora que volvió la democracia después de la dictadura militar. ¿ Se imagina que dirá el Presidente ?. Usted es el único correligionario en el partido que entiende algo de esas cosas de la electricidad. Usted es mi brazo derecho en ese tema, no se olvide que yo soy médico partero y no entiendo nada de energía. Yo solo tomo las decisiones políticas, pero lo técnico, lo específico, lo maneja Usted. Lo pusimos porque lo recomendó cálidamente un amigo de la Junta Coordinadora. Ahora justo que está ese asuntito del gasoducto, en que hay que negociar el peaje del gas y se nos vienen encima las elecciones de diputados. Algunos agoreros del justicialismo rumorean que habrá que hacer cortes rotativos de energía este verano y es un asunto que Usted tiene que arreglar.

El Secretario de Electricidad, algo desconcertado, insinúa.

- Vea doctor, yo no quiero estar en ese asunto del gasoducto, no sea que alguna vez venga una investigación.

- ¡Por favor, no sea insolente!, ¿que está insinuando?.

- Lo que saben todos, doctor.

El Secretario de Electricidad se retira del despacho del Coordinador de Energía, el que a causa del altercado, tuvo que tomar sus pastillas para el alto nivel de azúcar en sangre y retirarse a su casa. El Secretario de Electricidad vuelve a su despacho para hablar con algunos correligionarios de la parroquia, que están esperando por un puesto público, porque nadie quiere recibirlos frente a la situación descontrolada de la inflación. Se rumorea que el presidente de la república deberá entregar el mandato antes de cumplir su período constitucional y todos están urgidos por conseguir un empleíto público y quedar consolidados para cuando llegue la debacle y vuelvan los peronistas.

E P I L O G O

La escena en el Aeropuerto de Ezeiza una tarde de otoño, temperatura suave, cielo limpio, brisa cálida. En el hemisferio Norte comienza la primavera y es temporada alta de turismo. La gente que espera la salida de los aviones tiene el aspecto clásico del viaje de placer. En la Sala VIP del preembarque para pasajeros de primera clase, un licenciado algo canoso, de acento mexicano, muy bien vestido, prepara unas copas de champagne y conversa con su asistente:

- Como siempre, hay que despedirlo bien, para que salga contento, sobretodo, la mujer. Este año ya llevamos despachados al exterior diez energúmenos de éstos. Desde que se formó la compañía, hemos sacado del país unos cientocincuenta. La Fundación para el Progreso de Argentina gasta mucho dinero que aportan los benefactores, pero el bien que hace a la comunidad es incalculable.

El asistente asiente con la cabeza. Traen una botella de champagne para brindar con el becario y sus familia, a modo de cordial despedida, como es de estilo cuando un alto funcionario se ausenta para realizar importantes estudios en el exterior.

LA ARCHIDUQUESA DE TERCERO ARRIBA

INTROITO MUY NECESARIO

Para comprender bien los sucesos de este relato, es menester primero conocer un poco más acerca de la historia del Reino de Córdoba de la Muy Noble y Digna Nueva Andalucía. Como toda persona culta sabe, la República Argentina es un país que ocupa una parte del territorio de la América del Sur y que en su centro mismo, existe otro país totalmente mediterráneo, completamente rodeado por Argentina, que es la monarquía constitucional de Córdoba. De como nació este reino prestigioso y culto, es asunto conocido, pero en el entendimiento de que algunos lectores no hayan tenido la oportunidad de informarse adecuadamente sobre la historia del mismo, en la líneas que siguen se hace un brevísimo relato de lo que ocurrió durante el Acuerdo de San Nicolás y que dio lugar al nacimiento de este importante país.

BREVISIMA HISTORIA DE CÓRDOBA

Remontémonos a la época de la colonización española en América. Cuando Don Diego de Rojas, desde el Cuzco, baja hasta las provincias del Tucumán, las cosas no estaban claras por ese entonces. No queremos con esto afirmar que hoy, en 2000, las cosas estén ya aclaradas en Tucumán, pero por lo menos, en aquellas lejanas épocas lo estaban menos. El gobernador del Perú, Don Diego de Vaca de Castro aprobó la idea de vincular las tierras al norte de Charcas, con las que se extendían al sur, que Don Pedro de Mendoza quiso colonizar con no pocos sobresaltos y sobre las que se sabía bien poco para ese entonces. Partió del Cuzco el bueno de Don Diego de Rojas allá por el año 1543, se dice y tras padecer calamidades de todo género, alcanzó el Tucumán. Es de imaginar las que pasó si hoy, todavía, para ir desde la ciudad de Tucumán hasta Oruro hay que pasar mil dificultades, sobretodo en los trámites aduaneros en La Quiaca y Villazón, en donde los guardias de ambos países revisan a los pasajeros hasta el último rincón de su ropa interior buscando contrabando de coca , mientras que a la vista de todos las cholas aimarás con sus nenes a cuestas en las espaldas, cruzan el puente peatonal entre La Quiaca y Villazón cargadas de mercaderías, entre las que hay hojas de coca en abundancia, en un contrabando hormiga de importancia. Pero una cosa es ser una chola aimará de la más pura raza y muy otra es ser turista, forastero sospechoso que, para peor, lleva algunos dólares en el bolsillo como para poder pagar alguna propina y que lo dejen en paz sacar fotografías. Muerto Don Diego por un flechazo por los indios de la región del Tucumán, antecesores probablemente de Palito Ortega, las cosas entre sus sucesores no estaban para nada claras, políticamente hablando, de donde podrá inferirse ese afán que los cordobeses han heredado por la política.

No obstante, desde allí salieron columnas para fundar Santiago del Estero y extenderse hasta lo que hoy es Catamarca y La Rioja, Anillaco incluido. Uno de los expedicionarios, Don Francisco de Mendoza casi pierde la vista al pasar por las Salinas, al norte de lo que hoy es Córdoba, hasta que llegó en sus correrías hasta el mismísimo valle de Calamuchita y también más al sur, desviándose luego hacia el río Paraná. El embrollo terminó cuando uno de sus capitanes asesinó a Don Francisco de Mendoza. Su sucesor, de nombre Heredia, no quiso lolas y se volvió al Perú, no sea que a él también lo pasaran a degüello. La expedición de Rojas fue un desastre, pero no obstante se constituyó en la base de la ocupación por los españoles de esos territorios que hoy pertenecen al reino de Córdoba. Así andaban las cosas hasta que llegó a Lima un nuevo virrey, Don Francisco de Toledo, que volvió tercamente sobre la idea de regentear el Tucumán. Es el afán expansionista de todo tipo al que de dan un poco de mando. Le entregan la mano y quiere tomarse el brazo. Designó gobernador del Tucumán a Don Jerónimo Luis de Cabrera para esa misión, pero el bueno de Don Gerónimo, sobre la marcha y tal vez por lo mal que andaban las comunicaciones por ese entonces, cambió por su cuenta los planes del virrey. Don Jerónimo, nacido en Sevilla, de noble cuna, trasladó su estirpe a estas tierras y tal vez, se dice, fue el origen de la monarquía reinante en tierra cordobesa y de su estirpe oligárquica. Don Jerónimo bordeó el río Estero y las sierras de Córdoba y advirtió que los naturales de la región, no eran tan atrasados, ya que tenían buenos cultivos y ciertos atisbos de una incipiente industria, asunto que también percibió la Regie Renault años más tarde y puso una fábrica de autos en Santa Isabel.

Don Jerónimo fundó la primera Córdoba a orillas del río Suquía el 24 de junio de 1573, pero después, Don Suárez de Figueroa se llevó la ciudad al lugar que hoy ocupa, razón por la cual, los habitantes de Santiago del Estero la llaman "la segunda Córdoba", un poco para tomarles el pelo a sus vecinos. En fin, que lo de la fundación no comenzó de maravillas.

Pero de todas maneras al terminar de fundar Córdoba en forma definitiva, Don Jerónimo empezó a diseñar lo que con el correr de los años sería la pasión geopolítica del reino de Córdoba: una salida al mar. Así fue que Don Jerónimo haciéndose el distraído y como quien no quiere la cosa, empezó a correrse hacia lo que hoy es la provincia argentina de Santa Fe y con no poca des-agradable sorpresa, se encontró que el vasco Don Juan de Garay había fun-dado esa ciudad y otras más por esos lugares, ganándole de mano. Un vasco se había adelantado y la idea de un puerto que vinculara a la Nueva Andalucía, como la llamó a Córdoba Don Jerónimo Luis de Cabrera, fracasó rotundamen-te. A los cordobeses se les quedó atragantada la idea, porque perdieron la oportunidad del sueño del puerto propio para sacar sus productos hacia la madre España. Esto fue y es todavía un motivo de discordia entre la República Argentina y el Reino de Córdoba y, veladamente, la fuente de todos los con-flictos entre ambas potencias, como veremos cuando abordemos al tema específico de este relato, que es la brillante acción diplomática de una dama cordobesa de alta alcurnia en una de los tantos roces diplomáticos entre dichos países.

El asunto del puerto o salida al mar para el Reino de Córdoba, con el correr de los años, se fue constituyendo en una fijación psicológica de todo cordobés que se precie, una especie de complejo de difícil entramado y problemática solución. Aunque a bien decir, el asuntillo de la fundación de la hoy ciudad argentina de Santa Fe de la Veracruz no es tan claro, dado que cuando Don Jerónimo Luis de Cabrera, tratando de expandirse hacia el mar se topó con las huestes dispersas de Don Juan de Garay que en esos precisos momentos esta-ban cercadas por unos indios poco amistosos, les prestó ayuda, lo que diplo-máticamente es un antecedente nada despreciable, que bien manejado por un abogado audaz y sin escrúpulos, puede servir para demostrar que Buenos Aires debiera pertenecer a Córdoba y pagar tributos a ese Reino, una especie de Hong Kong de Córdoba.

Al regresar a la ciudad capital de Córdoba Don Jerónimo Luis de Cabrera de estas desventuradas travesías, se vino a enterar por algunas versiones que Don Juan de Garay había tenido la peregrina idea de fundar Santa Fe en serio, por lo que le envió una fuerza expedicionaria de 30 soldados para reclamar su sometimiento, cosa que no prosperó, ya que la fundación se había hecho desde la ciudad de Asunción, otro factor de la conquista, por lo que era mejor no meterse en más líos. Historiadores de fina percepción afirman que esta acción de Don Jerónimo tratando de fundar un puerto para el reino de Córdoba sobre el Paraná y su fracaso por la astucia de Don Juan de Garay desde Asunción, es el origen del encono entre Argentina y Córdoba. Por otro lado, estas confusas situaciones arrojan un poco de luz sobre la actitud de Córdoba más tarde, en tiempos del Acuerdo de San Nicolás y también de su no participación en la Convención Constituyente de 1853, arguyendo que por dificultades de transporte, no llegaron a tiempo sus diputados a Santa Fe. Como se ve, la cosa comenzó hace rato y cuando hoy todavía, cualquier abogado del Reino de Córdoba clama por la política centralista del puerto de Buenos Aires, erigiéndose en letrado defensor de todo el interior argentino, probablemente, se trate de ese viejo resentimiento desprendido del tronco central del problema, que bien visto, no es para tanto.

Lo cierto es que un buen día Don Jerónimo Luis de Cabrera nombró sucesor a Don Gonzalo de Abreu, en 1574. Don Jerónimo no supo manejarse bien políticamente en estas circunstancias, ya que tenía mandato del virrey de Lima, pero parecería ser que en la Península Ibérica, también había tironeos sobre el establecimiento de un puerto para llevar las riquezas de las colonias a la metrópoli. Una cosa era por el Río de La Plata y muy otra por Lima, o tal vez, por Panamá. Si a todo este embrollo agregamos los movimientos de la Santa Inquisición, es fácil percatarse que los primeros cordobeses no se las vieron muy bien. Los intereses creados hacían de las suyas por doquier. Córdoba capital era un punto importante del comercio entre Chile, Charcas y Lima, por lo que, esa posición debía ser explotada convenientemente. Cuando Don Gonzalo de Abreu llegó a Córdoba y tomó el cargo en una sencilla ceremonia, no se le ocurrió otra cosa mejor que meterlo preso al mismísimo Don Jerónimo Luis de Cabrera, engrillándolo como a un delincuente común. Finalmente, para facilitar los trámites burocráticos de la remisión del preso a España, lo ejecutó el 17 de agosto de 1574. Don Gonzalo, sin saber como proceder con los bienes de Don Jerónimo y su hacienda, porque los papeles no estaban claros en los registros de la propiedad y los escribanos lo confundían todo, se apropió de todo para agilizar los procedimientos y evitar un engorroso expediente. Así siguió creciendo la Nueva Andalucía y para esos tiempos, a Don Hernando de Lerma se le ocurre fundar la ciudad de Salta, con lo que les sale un buen grano a los cordobeses. Es bien sabido que la aristocracia salteña no le va en zaga a la cordobesa. Están desde ese entonces a quien tiene más apellidos de abolengo, más alcurnia y más rancia estirpe. Entre la muy noble Casa de los Saravia en Salta y la muy noble Casa de los Allende en Córdoba, es difícil saber con cual quedarse. No obstante, es de suponer que en algún momento de la historia se pusieron de acuerdo, ya que hoy la rivalidad ha disminuido bastante.

Así las cosas, cuando a los ingleses se les ocurrió invadir estas tierras, Don Sobremonte puso pies en polvorosa y se hizo una corrida a Córdoba que marcó época y que, de estratégica, no tuvo nada. Fue, como se dice en el lenguaje cotidiano del Río de la Plata actual, un "raje flor", llevándose todo lo que pudo, propio y ajeno, desentendiéndose del embrollo que había por aquí. Luego se acomodó en Montevideo para enfrentar a los ingleses en un movimiento táctico que hasta el día de hoy, no han podido comprender ni los más avezados estrategas militares. Fue en esas circunstancias que Don Santiago de Liniers le movió repetidamente el piso al bueno de Sobremonte y, como muchas veces pasó en la historia argentina, Liniers tuvo que asumir el mando por pedido del pueblo reunido en la Plaza Mayor, para evitar males mayores. El populacho advirtió que Don Sobremonte no estuvo muy bien que digamos en esta emergencia y que, cómodamente ubicado en Córdoba, avisó que desconocía la autoridad de Liniers. Terminó Don Sobremonte arrestado en Buenos Aires después de muchas idas y venidas y es de imaginar la tirria de los cordobeses al ver que los porteños ponían preso a su ex gobernador. Cuando Don Liniers se hizo cargo de su función de virrey, en el Cabildo, Don Martín de Alzaba no lo miró del todo bien por su origen francés, al tiempo que se produce la segunda invasión inglesa y otra vez Liniers se hace cargo de la trifulca y saca airosa a Buenos Aires y su acción consolida el virreinato del Río de la Plata.

Después de todo lo dicho hasta aquí, cualquier argentino medianamente avisado deduce que se venía la maroma con una revolución. Por los barcos llegaban las ideas nuevas de la intelectualidad europea y americana de Fenelón, Saint-Pierre, John Locke, Turgot, Reynal, Voltaire, Montesquieu, Rousseau o Diderot. El rey Carlos IV dictó severas normas para evitar en las colonias la difusión de las ideas revolucionarias, pero como suele pasar en esos casos, lo único que conseguía era despertar más el interés por esos movimientos, a pesar de que en ese entonces todavía no emitía Radio Colonia desde el Uruguay. Don Manuel Belgrano entró en contacto con las ideas económicas de avanzada de la época, cuando todavía no existía la Escuela de Chicago que pudiese agregar confusión con sus ideas monetaristas conservadoras. Políticos y banqueros viajaban poco, pero la emancipación de los Estados Unidos de Norteamérica no pasó desapercibida e hizo su efecto.

Nótese que interesante: a todo esto, Córdoba no daba señales de vida, porque este asunto de la independencia no le caía bien. Su rancia estirpe noble y monárquica, chocaba de frente con eso de la libertad de los esclavos, la libertad de imprenta, la libertad de comercio y sobretodo, ese maldito puerto de Buenos Aires. Es por esta razón que notoriamente Córdoba no tuvo nada que ver con la Revolución de Mayo y eso repercutió sobre el Acuerdo de San Nicolás, como veremos más adelante. Es más. Se rumoreaba por esas épocas que Córdoba hizo secretas gestiones para que se instalara en el Río de la Plata la infanta Doña Carlota Joaquina, hermana del rey Fernando VII a quien retiraron de España de malas maneras. En esos manejos estaba el virrey Sobremonte empeñado en perseguir al catalán Don José Fresas, que se entretenía en difundir panfletos contando la verdad de lo que estaba pasando en tierras hispánicas. Cuando no, los catalanes creándole problemas a España. Para ese entonces la cosa llegaba a su punto álgido con los juicios a Don Felipe Sentenach - otro catalán - y a Don Miguel de Esquiaga y a Don Martín de Alzaga, que proponían la independencia dado lo penoso de los tributos que imponía España a sus colonias y que, para formarse una idea clara, provocaban en los pobladores de estos lares, la misma tirria que hoy provoca la ex Dirección General Impositiva (hoy Administración Federal de Ingresos Públicos) entre los argentinos, salvo que en aquellos tiempos no se conocía el sistema de la doble partida en contabilidad, los pagos en negro (con negros, sí), el peine informático, la indexación de las deudas, las moratorias y las presentaciones por medio de disquetes. El lío se incrementó ante la posible alianza de los portugueses con los ingleses, para tomar el Río de la Plata.

A todo esto, Córdoba ni fu, ni fa. Un almirante inglés flemático monárquico - cuando no - propone traer en su escuadra a la infanta Doña Carlota al Río de la Plata, con lo que aumenta la confusión. Trabajan para la independencia Don Martín de Alzaga, Don Félix Casamayor, Don Jerónimo Ribero, Don Nicolás Rodríguez Peña, Don José Castelli y otros patriotas, pero nótese, no había cordobeses. En la gesta emancipadora de Argentina, no sobresalió ningún cordobés. Para esos tiempos aparece la notable figura de Don Mariano Moreno. Un miembro de la real familia española, Don Juan Manual Goyeneche, instalado en el Perú, propicia la coronación de la infanta Doña Joaquina, a la sazón princesa de Portugal, para empeorar las cosas y no sería de extrañar que, desde allí llegaran las influencias sobre Córdoba, que tenía su corazoncito más cerca de la monarquía que de los liberales. Para ese entonces un delegado del Cabildo viajó a España para contar en vivo y en directo como habían sido las invasiones inglesas y pudo ver que en España, la cosa estaba que ardía y era un desmadre de padre y señor nuestro, lo que no es de extrañar si uno sigue mirando la historia de la Madre Patria, con su guerra civil y la llegada de los muchachos de la ETA vasca, que nadie es capaz de pararlos. Cada región quería su independencia, lo que ha terminado por constituirse en una constante monótona y aburrida. Si uno pasea por España, tiene que llevar múltiples diccionarios, para traducir al castellano los carteles indicadores de las calles y caminos de cada región, escritos cada uno en su lengua propia

Es así que la incipiente Argentina se debatía en un momento crucial de la historia americana, recibiendo a virreyes que trataban de consolidar a España, hasta la revolución de Mayo. Por un lado Buenos Aires con su gobierno patrio, con sus ideas de libertad que culminaron con la república. Por otro lado Córdoba, conservadora y monárquica. Desde Córdoba se ponían trabas a la difusión de las noticias desfavorables de las armas españolas en el viejo continente. En setiembre de 1809 fue apresada una persona que proveniente de La Rioja se dirigía a Santa Fe y a su paso por Córdoba, se confesó partícipe del derecho de América del Sur de ser independiente, dado que el rey Don Fernando había sido puesto de patitas en la calle y Francia hacía de las suyas en territorio español. Un médico, Don José María Sancho que había sido practicante en Buenos Aires, en razón de sus expresiones en favor de la libertad fue desterrado a Charcas. En el Colegio Monserrat, un profesor que explicaba lo que en verdad estaba pasando, fue destituido. Don Gutiérrez de la Concha emitió bandos contra la difusión de noticias de lo que pasaba en Buenos Aires y en España. Tal vez sea éste el nacimiento de la censura en estas tierras. Solamente el Deán Funes se mantuvo en favor de la revolución de Buenos Aires.

Se recomendó que no se enviaran diputados a la Junta que se formó en Buenos Aires. Se sostenía en Córdoba que a la caída del rey en España, se debía consultar al virrey de Lima sobre lo que convenía hacer, lo que demuestra a las claras las tendencias cordobesas en esta materia. Se enviaban noticias a Buenos Aires sobre que en Córdoba reinaba la mayor paz y cordura, procurando ganar tiempo. En Córdoba, Don Santiago de Liniers se reunión con Don Gutiérrez de la Concha, Don Allende y Don Goyeneche pensando en hacer de esa ciudad un centro de resistencia a la Junta de Mayo. Como Montevideo estaba todavía a favor de España, lo mismo que Paraguay, se procuraba aislar a Buenos Aires. Sin embargo una expedición al mando de un coronel, Don Ortiz de Ocampo llegó a Córdoba para sofocar ese centro realista y se encontró que los realistas estaban en prudente retirada hacia el norte. Algunos fueron apresados y solo Deán Funes fue perdonado. Luego, la Junta de Buenos Aires insistió y muchos conspiradores cordobeses fueron fusilados.

Para 1821 Córdoba seguía con la manía de tener hegemonía en esta parte del mundo y se quiso hacer un congreso por su cuenta en esa capital, para procurar su condición centralista Era evidente que Córdoba y Buenos Aires polarizaban los sentimientos dominantes para esos días en materia política. Los porteños se inclinaban hacia una postura unitaria y los provincianos, con Córdoba como líder, tomaron la posición federalista. Simple cuestión de intereses. En fin, que el congreso que pretendió hacer Córdoba fracasó rotundamente y los deseos de los mediterráneos de ser cabeza de algo importante, cayeron en el olvido. Para esa época, por la acción del caudillaje provinciano, comienza una etapa de anarquía por doquier, con guerras civiles locales, focalizadas, en base a caciques astutos pero sin ilustración, por lo regular sin escrúpulos, etapa que se inicia cuando el pretendido congreso de los cordobeses de 1821 queda sin efecto. Don Bernardino Rivadavia en Buenos Aires y el gobernador Bustos en Córdoba no se entendían, por lo que ocurrió algo que merece relatarse. La Rioja dijo que no podía mandar sus diputados porque carecía de fondos. Es curioso, pero la historia se repite. Las provincias argentinas siempre andan flojas de fondos a causa de sus malas administraciones y exceso de siestas y siempre es el Gran Buenos Aires y su capacidad productora quien las saca del pozo a sus hermanas siesteras.

En buen romance, los porteños siempre han trabajado para que las provincias se den el lujo de tener abundantes empleados públicos de más, bancos de juguete, jueces en cantidades exageradas y legislaturas de opereta que cobran suculentas dietas. Sin embargo, se la pasan despotricando contra Buenos Aires y los gobiernos centrales que por aquí pasan. Justamente La Rioja que adujo no tener fondos para enviar sus diputados al congreso de Córdoba, hoy tiene una envidiable flota de aviones dependientes de su gobernación, para que los funcionarios viajen y viajen y también puedan seguir las carreras de automóviles de turismo de carretera desde el aire. Como se observa, hay males actuales que tienen su origen en la historia del siglo pasado.

Ungido Urquiza presidente, Córdoba ofrecía una situación confusa, como siempre. El largo gobierno de Manuel López, a la medida de Rosas, había generado intereses por doquier. Por su posición central era una provincia propensa a recoger cualquier divergencia del interior argentino. Urquiza, personalmente y sin tropas, tuvo que ir a Córdoba para ver de arreglar los entuertos locales, que eran muchos. Pero la presidencia de Don Bartolomé Mitre, con sus dotes de político inteligente y culto, ayudó a la formación de una nación como es la República Argentina, aunque los caudillejos locales seguían haciendo de las suyas, produciendo gobiernos de familia, nepotismos humorísticos, en que se turnan padres, hijos, hermanos y parientes en cargos de senadores, gobernadores y cuanta canongía se han inventado ellos mismos, con apariencia de cosa seria. En ese hervidero se estaba al tiempo de la reorganización nacional. El 8 de abril de 1852 se envió a los gobernadores una circular convocando a todos a una reunión en la ciudad argentina de San Nicolás de los Arroyos. Urquiza la presidió entre el 26 y el 28 de mayo de ese año y se sentaron las bases de la Nación Argentina.

Pero aquí viene lo más significativo de este breve relato histórico. *Si se repasa la nómina de los diputados representantes al Acuerdo de San Nicolás, se notará que faltan los de Córdoba*. Esa provincia estuvo ausente a la hora de la firma del Acuerdo de San Nicolás, el más importante documento que selló la formación definitiva de la República Argentina. Se dice, se rumorea, que los representantes de Córdoba llegaron días después a firmar el acta. Pero no nos dejemos engañar. Córdoba no estuvo, tal vez especulando con sublevar a otras provincias en contra de Buenos Aires o vaya a saberse cual otra idea se traían bajo el poncho. Se dijo que los transportes eran malos y que patatín y que patatán. Allí Córdoba decidió su suerte y al no integrarse con Argentina, se convirtió en una monarquía constitucional, lo que siempre había soñado ser. Tener un rey, una corte y una aristocracia, con apellidos palanganudos.

Es así que hoy Córdoba es un país mediterráneo, rodeado íntegramente por Argentina y que mantiene buenas relaciones diplomáticas, al margen de algunos roces pequeños, sin desmerecer sus inclinaciones monárquicas. Gran parte de la balanza de pagos en divisas corresponde al turismo argentino a las sierras de Córdoba, donde han inventado que siempre están de temporada. Salvo, claro está, de noviembre a febrero que llueve a cántaros por toda la sierra. Su moneda es el cordobés-fuerte, que curiosamente siempre tiene la misma validez que la moneda argentina, porque inventaron la convertibilidad antes que Argentina. Emite continuamente hidrodólares para cobrar la energía que vende a la Argentina producto de sus centrales hidroeléctricas, bonos que se negocian en las Islas Caimán, en un banco dirigido por un cordobés exiliado. También emite bonos de cancelación de deuda interna, algo enganchados con los Bonos del Tesoro Norteamericano, pero no mucho.

EL RELATO PROPIAMENTE DICHO

La ciudad de Córdoba, capital del Muy Noble Reino de Córdoba y Heraldo de la Nueva Andalucía por los Blasones y por la Alcurnia que de Dios heredó, tal el nombre completo de Córdoba, amanecía con la inquietud de los grandes días. Esta inquietud presagiaba emoción, tal vez lucha, enfrentamientos, todo en aras de ideales y una historia que no se podía desmentir y que es menester confirmar cada tanto. El conflicto por el conflicto mismo, como pasión nacional, como deporte, como ejercicio político, había llevado a Córdoba hasta un límite de tensiones que era necesario resolver de alguna manera. En las primeras horas de aquel histórico día, la situación se había vuelto insostenible para la casa gobernante, descendiente de los borbones. Una fracción de la aristocracia se había unido a las fuerzas armadas y había formado un núcleo disidente, frente a sindicatos y las fuerzas empresarias, Las fuerzas armadas siempre leales a la corona, esta vez no lo estaban tanto, un poco influenciadas por las ideas socializantes de algunos argentinos que no pudiendo con el gobierno de Menen, se habían asilado en Córdoba para desplegar su social democracia con la esperanza de formar otra vez la guerrilla desde el exterior de Argentina y tomar el poder que habían perdido por culpa de los militares.

Algunos cordobeses independientes que se llamaban a sí mismos progresistas, aspiraban a una anexión lisa y llana con la Argentina, idea muy peligrosa. Otros querían una democracia, una república, asunto difícil de concretar por las rancias tradiciones que todo lo impregnaban. La Confederación Cordobesa del Trabajo (CCT), coqueteaba con los dos bandos más grandes, pero en esta oportunidad se puso de parte de la corona clásica, los conservadores a ultranza. Los empresarios cuidando sus intereses como siempre, no querían abandonar a la corona fuente de todo tipo de canongías. Entre los empresarios había aristócratas de largo linaje y gran estirpe, aglutinados en la Unión Industrial Cordobesa (UIC) y miraban con malos ojos a los militares proclives a Buenos Aires. Los terratenientes de la parte de pampa húmeda que le tocó a Córdoba en la repartija de la era de los caudillos, apegados a las tradiciones de la tierra, en su Sociedad Rural Cordobesa (SRC) apoyaban sin reservas a lo más recalcitrante de la nobleza. En cada campo de Córdoba había, en la tranquera de entrada, un escudo de armas de la familia feudal del lugar. Los universitarios estaban completamente divididos, salvo una fracción del gobierno quinpartito de la universidad, que era totalmente marxista aunque con las reservas del caso, ya que al igual que en Buenos Aires, eran marxistas pero les gustaba la buena vida. Marxistas pero a no embromar con el dinero que cada uno tiene. Repartir a los pobres, pero el dinero de los otros.

Ese día culminaba una semana de febriles negociaciones con el embajador de la República Argentina destacado en la capital cordobesa, que había estado de aquí para allá reuniéndose con el canciller de Córdoba y tratando de encontrar una solución al diferendo diplomático que se había planteado entre los dos países y cuya esencia era la que explicamos enseguida.

Como sabemos, en Buenos Aires hay un barrio de clase media alta que se llama Belgrano, con su propia universidad privada, que regentea un rector vitalicio desde hace 35 años. En ese barrió, a lo largo de su historia que es muy rica en acontecimientos históricos, muchas de sus calles llevan el nombre de los diversos virreyes que tuvo el virreinato del Río de la Plata. Que Virrey Del Pino. Que Virrey Olaguer y Feliú. Que Virrey Arredondo. Que Virrey Loreto. Que Virrey Avilés. Pero no existe ninguna calle con el nombre de Virrey

Sobremonte, el virrey adorado por los cordobeses, ya que cuando los ingleses invadieron el Río de la Plata, se embarcó con todos sus bienes y también los bienes de otros hacia Córdoba, dinerillos que a la postre sirvieron de base para alguna que otra fortunita de esas que andan por allí. Córdoba había reclamado insistentemente al gobierno de Buenos Aires para que presionara al jefe del gobierno autónomo, a fin de que bautizara a alguna calle de Belgrano con el nombre de su querido virrey, alguna calle de árboles añosos como dice el himno de la Universidad de Belgrano que compuso Félix Luna, con música de Ariel Ramirez. No podía ser una calle cualquiera, sino una calle con abolengo, sede de algún acontecimiento de relevancia. El embajador de Argentina ofreció ponerle el nombre de Virrey Sobremonte a una cortadita que está por allí perdida, por el hipódromo, asunto que terminó con la paciencia de la opinión pública cordobesa, que interpretó esto como un agravio al ser nacional cordobés. Varios afiches exigían al gobierno de Su Majestad el rey Don Allende XIII, que cerrase la fronteras con Argentina y movilizara a las fuerzas armadas cordobesas. Otros, un poco mas moderados opinaban que había que hacer un encuentro en un tercer país neutral, para deliberar en paz y negociar un trueque, ofreciendo ponerle el nombre de Virrey Liniers a la Cañada que cruza la ciudad capital o en su defecto, ponerle el nombre de Virrey Liniers al puente sobre el Río Primero. La iglesia cordobesa, por medio de su colegio de 50 cardenales, mantuvo una actitud distante y de natural dignidad, aduciendo que no podía entremezclarse en asuntos temporales, por lo menos, en esta oportunidad.

A las diez de la mañana las informaciones eran confusas, ya que los periodistas estaban a la espera de que la situación tomase un curso claro, para ponerse del lado ganador. Porque el conflicto desatado con Argentina, no era compartido por el gran ducado de Río Cuarto y se corría el riesgo de una división del reino en dos. Por un lado Río Cuarto que, aunque simpatizante acérrimo del Virrey Sobremonte, por el solo hecho de oponerse al resto de Córdoba, era capaz de hacer rancho aparte y aliarse con Argentina. Por otro lado, el resto de los grandes ducados que componían el reino de Córdoba. El norte, clásico y tradicional y el sur, que hacía mucho que aspiraba a su independencia y este conflicto le venía de perlas. Al salir el sol, cuando todos los militares del mundo se levantan para hacer algo bien temprano, la situación no era clara, ya que una división del Ejército de Su Majestad Cordobesa se plegó a sus mandos naturales y las otras, a los revoltosos que propiciaban el conflicto armado con Argentina. La Real Fuerza Aérea Cordobesa retiró sus caza-bombarderos de la base de Villa Reynols en el sur, por temor a que cayeran en manos de los riocuartenses. Las restantes brigadas aéreas estaban expectantes, esperando ver para que lado se volcaba la situación. Como Córdoba es un país totalmente mediterráneo no tiene marina de guerra, pero sí una importante Fuerza Fluvial y Lacustre que con sus lanchas rápidas armadas con misiles, patrulla los lagos artificiales formados por los embalses de las centrales hidroeléctricas que construyeron con el dinero de Argentina. La Fuerza Fluvial y Lacustre tiene, no obstante, una sólida infantería de marina que, por su facilidad de desplazamiento es de temer. Salvo en el ejército, que siempre tuvo generales con aspiraciones, las otras dos fuerzas armadas se mantenían en relativa calma.

Para peor, la agrupación política Propiedad, Alcurnia y Fe, de ultra derecha, avisó que a las 18 horas haría una concentración para exigir a la corona una definición en el delicado asunto del virrey Sobremonte en la esquina de las calles Humberto Primero y Figeroa Alcorta, junto a la Cañada. Era un secreto a gritos que allí se exigiría la remoción de los comandantes de las tres fuerzas armadas y la sustitución por tres nobles con la jerarquía de marqués o superior, adeptos a sus pensamientos. La corona había tratado de mantener a esta agrupación en calma, asignándole varios asientos en la Orden del Baño y en la Orden la Charretera, pero no había sido suficiente. Los militares, ni cortos ni perezosos se habían reunido con nobles de la desteñida Orden de Calamuchita, no tan reaccionarios porque la mayoría había perdido sus fortunas en juergas y francachelas y poco a poco habían quedado sin predicamento en la corte. En cambio los nobles de la Orden del Corral de Bustos, de no tanta estirpe pero dueños de grandes estancias en la frontera con la provincia argentina de Santa Fe, se movían entre bambalinas para apoyar a los revoltosos y derrocar a la casa reinante, para establecer lo que se llamaría El Segundo Imperio, como hizo Napoleón en Francia, con una nobleza de nuevo cuño, con un nuevo escalafón.

La antes citada agrupación Propiedad, Alcurnia y Fe había aparecido en los últimos días con la propuesta de anexar por la fuerza la provincia argentina de Santiago del Estero, aduciendo un problema parecido a los que Hitler planteó para anexar las minorías de otros países vecinos, ya que se sabía que en esa provincia argentina había algunos pro cordobeses fanáticos provenientes del norte, cerca de Mar Chiquita. Pero en este embrollo jugaba su papel también un miembro de la Orden de la Charretera que tenía las viejas escrituras de algunas tierras en el Altiplano, recibidas de Don Jerónimo Luis de Cabrera, sobre las que los bolivianos se habían puesto de acuerdo en ceder, pero que si hoy en día un abogado astuto reclama en el tribunal de La Haya, quien le dice que la provincia de Tarija puede ser parte del reino de Córdoba y entonces se transforma en imperio al tener tierras fuera de la metrópoli. El rey se hace emperador, cambio que a ningún noble le viene mal. Toda la corte subiría automáticamente un grado de nobleza, con las rentas y la hacienda, por un simple decreto real de necesidad y urgencia, sin pasar por la Cámara de los Lores. Esto estaba enganchado con otra idea de la agrupación Propiedad, Alcurnia y Fe que bregaba por lo que ellos llamaban "La nueva y muy necesaria inquisición", que se propagaría rápidamente a la Argentina.

El día amanecía, como se ve, con nubarrones políticos graves. Las fuerzas armadas emitieron radiogramas declarándose en estado de emergencia y movilizando sus efectivos en alerta amarillo. Algunos anfibios desembarcaron en la laguna de Mar Chiquita. La aviación fluvial y lacustre, con base en Embalse Los Molinos cargó sus aviones con misiles mar-aire. El ejército desplazó 4 unidades de combate a lo largo del Río Primero y la fuerza aérea preparó los aviones de transporte para una eventual acción en el exterior. En la CCT los dirigentes sindicales preparaban una huelga general de repudio, pensando mientras tanto que era lo que podían repudiar, con una olla popular en Bulevar San Juan. En Villa Carlos Paz una columna de manifestantes cuya filiación política no estaba todavía definida, avanzaba hacia la ciudad capital. Los rumores de un movimiento separatista en Río Cuarto complicaban la situación reinante. Por el norte, la influencia de las minorías de santiagueños argentinos hacía que la ciudad de Cruz del Eje presentase una situación ambigua. La zona de Tortugas, al sur, deseaba unirse a la provincia argentina de Santa Fe para unificar los intereses agrícolas y construir una gran línea de silos para granos.

Hacia las 3 de la tarde el cardenal primado de Córdoba, observando que la situación se complicaba y no fuese que algún general argentino perdiese la paciencia e hiciera una locura, decidió dar un paso definitivo. Convocó a las partes a parlamentar en la sala de juegos del Sierras Hotel del Ducado de Santa María, un poquito al sur de la capital, pero el cardenal tuvo el gran tino de convocar también a la Archiduquesa del condado de Tercero Arriba, que se encontraba descansando en la localidad serrana de La Paisanita. Al conocer la noticia, lo más ganado de la nobleza cordobesa salió de su reducto amurallado en el Golf Club de Villa Allende y se dirigió prestamente hacia Alta Gracia, por el camino del Chateaux Carreras y la Falda del Carmen, dejando sus castillos en manos de la servidumbre. Sabedores de la probada habilidad política de la Archiduquesa de Tercero Arriba, dama de gran mundo y modales gráciles, no descartaban un arreglo de la situación y era menester estar presentes para evitar que, por omisión, alguno saliese perjudicado. Cerca de las 5 de la tarde los representantes de las partes en conflicto, en presencia de la nobleza cordobesa y con el embajador de Argentina acompañado de 50 asesores que llegaron en un vuelo especial del avión presidencial Tango 1 desde Aeroparque, se habían instalado en las habitaciones del lado de la pileta de natación del hotel, para estar lo suficientemente cómodos. Militares con uniforme de combate, dirigentes sindicales con campera igual que los trabajadores, gente del Jockey Club y demás cámaras empresarias y fuerzas vivas, se sentaron en la mesa de negociaciones. La Archiduquesa traía en la manga una propuesta pacificadora que seguramente sería aceptada. La cantidad de representantes era tan grande, que hubo que habilitar todo el comedor del hotel y la sala de juegos conjuntamente. La Archiduquesa del Ducado de Tercero Arriba, ataviada con un delicado vestido color rosa, provisto de un insinuante tajo en el costado de la falda y un escote generoso, se presentó formalmente al embajador de la República Argentina explicando que era portadora de una propuesta que la misma Archiduquesa había aprobado con sus asesores en una laboriosa sesión después del almuerzo, privándose de hacer la siesta, dado lo crítico del problema. El Gobierno de Córdoba compraría cuatro manzanas en el barrio de Belgrano para instalar allí la nueva embajada del reino de Córdoba en Argentina. Dentro de ese predio, por ser tierra cordobesa diplomáticamente hablando, se podía hacer lo que Córdoba quisiese. Abrirían una calle para no complicar más aún el tránsito por Belgrano, a la que le darían el nombre de Virrey Sobremonte a solo las dos cuadras internas, permitiendo sin embargo que la línea 60 de colectivos circulara por ella, pero solo los servicios diferenciales con aire acondicionado.

La propuesta distendió rápidamente el ambiente tenso inicial y los periodistas de la CNN transmitieron inmediatamente al mundo la noticia, evitando un llamado a sesión del Consejo de Seguridad de las Naciones Unidas. Se labró un acta que fue filmada y transmitida por doquier. Muchos países felicitaron al presidente Menem que había mostrado en la emergencia, una flemática actitud, igual que cuando sustituyó al ministro de economía, el cordobés naturalizado argentino Domingo Cavallo. En el Sierras Hotel hubo esa noche una cena y baile de gala para festejar el acontecimiento, con fuegos de artificio y en la calle Belgrano de la ciudad de Alta Gracia, en el bar Krakatoa, varios parroquianos prominentes del Ducado de Tercero Abajo, estaban reunidos preparando el próximo conflicto en Córdoba.

www.ingramcontent.com/pod-product-compliance
Lightning Source LLC
Chambersburg PA
CBHW032307210326
41520CB00047B/2273